黄河三角洲盐碱地农业技术丛书

U0712283

滨海盐碱地
杂粮作物及绿色高效生产技术

主　编　李丽霞　王智华

编　者　燕海云　娄金华　陈　娟　肖　静　李　美

　　　　王红梅　魏立兴　张凌云　范庆明　徐德芳

　　　　刘东斌　张会云　李妍妍　梁海波

中国石油大学出版社
CHINA UNIVERSITY OF PETROLEUM PRESS

山东·青岛

图书在版编目(CIP)数据

滨海盐碱地杂粮作物及绿色高效生产技术/李丽霞,
王智华主编. —青岛:中国石油大学出版社,2020.9(2023.2重印)
ISBN 978-7-5636-6748-2

Ⅰ. ①滨… Ⅱ. ①李… ②王… Ⅲ. ①滨海盐碱地—
杂粮—高产栽培 Ⅳ. ①S51

中国版本图书馆 CIP 数据核字(2020)第 170196 号

书　　　名:滨海盐碱地杂粮作物及绿色高效生产技术
　　　　　　BINHAI YANJIANDI ZALIANG ZUOWU JI LÜSE GAOXIAO SHENGCHAN JISHU
主　　　编:李丽霞　王智华
责任编辑:郭月皎(电话　0532－86981980)
封面设计:乐道视觉
出 版 者:中国石油大学出版社
　　　　　　(地址:山东省青岛市黄岛区长江西路 66 号　邮编:266580)
网　　　址:http://cbs.upc.edu.cn
电子邮箱:yuejiaoguo@163.com
排 版 者:乐道视觉创意设计有限公司
印 刷 者:泰安市成辉印刷有限公司
发 行 者:中国石油大学出版社(电话　0532－86983437)
开　　　本:710 mm×1 000 mm　1/16
印　　　张:8
字　　　数:130 千字
版 印 次:2020 年 9 月第 1 版　2023 年 2 月第 2 次印刷
书　　　号:ISBN 978-7-5636-6748-2
定　　　价:49.80 元

目 录

第一章 黄河三角洲农业资源环境概况

第一节 农业资源与环境

黄河三角洲（Yellow River Delta）位于渤海南部的黄河入海口沿岸地区，由黄河携带大量泥沙填海造陆而形成，简称黄三角，是我国第二大河口三角洲，仅次于长江三角洲。

从地理概念而论，黄河三角洲地处 $117°31'E \sim 119°18'E$ 和 $36°55'N \sim 38°16'N$，主要分布于山东省东营市和滨州市境内。历史上由于黄河下游时常改道，河床不断变化，导致入海口及其相应的黄河三角洲不断位移，因此黄河三角洲可分为古代黄河三角洲、近代黄河三角洲和现代黄河三角洲。

古代黄河三角洲是指黄河自远古到 1855 年改道大清河入海之前，多次变迁、冲积而成的诸多三角洲的统称，以河南巩义市为顶点，北起天津，南到徐淮的黄河冲泛区，面积达 25 万平方千米；近代黄河三角洲是指自 1855 年黄河在河南兰考县决口夺大清河河道，从山东境内入海至今逐渐形成的三角洲，是以现东营市垦利区的宁海为顶点，北起套尔河、徒骇河河口，南至支脉沟口的扇形地带，是我们通常指的黄河三角洲，陆地面积约为 545 000 公顷；现代黄河三角洲是指 1934 年黄河尾闾分流点下移 26 千米后，开始建造的新三角洲体系，其地理范围以东营市垦利区渔洼为顶点，西起挑河，南至宋春荣沟等广大的淤积范围，陆上面积约为 300 000 公顷。

黄河三角洲是我国最后一个待开发的大河三角洲，土地资源优势突出，地理区位条件优越，自然资源丰富，生态系统独具特色，后发优势明显，具有发展高效生态经济的良好条件，开发潜力巨大。

一、气候状况

黄河三角洲地处中纬度，位于暖温带，背陆面海，受亚欧大陆和太平洋的共同影响,属于暖温带半湿润大陆性季风气候区。气候特征为:雨热同季,四季分明。春季干旱多风,早春冷暖无常,常有倒春寒出现,晚春回暖迅速,常发生春旱;夏季,炎热多雨,温高湿大,有时受台风侵袭;秋季,气温下降,雨水骤减,天气凉爽;冬季,天气干冷,寒风频吹,雨雪稀少,盛行北风和西北风。四季温差显著,年平均气温在 11.6~12.7 ℃,极端最高气温 41.9 ℃,极端最低气温−23.3 ℃。黄河三角洲光照充沛,年均日照时数达 2 590~2 865 小时,≥10 ℃的积温约 4 300 ℃,年均大气相对湿度为 66%,无霜期 211 天。年均降水量 550~630 毫米,且 60%~70%集中在夏季,平均蒸发量 760~2 300 毫米。

二、水文特征

按照中国国家水资源利用分区,黄河三角洲以黄河为分界线,将全区划属两个流域,黄河以北属海河流域,黄河以南属淮河流域。流经黄河三角洲的客水河道有黄河、小清河和支脉河,后两者均位于黄河以南。区内控制面积在 10 000 公顷以上的排涝河道有 11 条。黄河以北有马新河、沾利河、草桥沟、挑河、草桥沟东干流、褚官河、太平河,黄河以南有小岛河、永丰河、溢洪河、广利河。区域年均地下水资源量为 4 627.28 万立方米,其中年均深层地下水资源量为 1 219.96 万立方米。黄河三角洲地区水资源时空分布不均匀,主要体现在年际变化强烈、地域分布差异、年内分配不均三方面。其中,年内分配不均是由于受季风影响,降水量、地下水补给量呈现显著季节性分配。地域分布差异是指地表水资源由南向北逐渐递减,而地下淡水资源则主要集中在小清河以南,东营市广饶县境内的井灌区。

三、地形地貌

黄河三角洲是典型的扇形三角洲,属河流冲积物覆盖海相层的二元相结构,东北低、西南高,整体低平。最高处利津县南宋乡河滩高地高程为 13.3 米,老董—垦利一带 9~10 米,罗家屋子一带约 7 米,东北部最低处小于 1 米,自然比降为 1/8 000~1/12 000。区域内主要以黄河河床作为骨架,构建地面上的分水岭。三角洲是由黄河多次改道和决口泛滥而形成的岗、坡、洼相间的微地貌形态,分布着砂、黏土不同的土体结构和盐化程度不一的各类盐渍土。主要的地貌类型有河间与背河洼地、滨海低地与浅平洼地、河滩高地、贝壳堤、蚀余冲击岛、河流故道与河滩高地等。人类活动(黄河改道、修建黄河大堤、垦殖、城建、高速公路、海堤、石油开采等)在剧烈地改变着该区的微地貌形态,但其基本框架仍清晰可辨。

四、土壤

以东营市为例,全市土壤分为褐土、砂姜黑土、潮土、盐土及水稻土五个类别。褐土主要分布于小清河以南区域,占全市土壤总面积的4%左右,是粮棉菜高产稳产区。砂姜黑土主要分布于小清河南褐土区的低洼处,占全市土壤总面积的0.6%,适宜种小麦、玉米、高粱等浅根作物,在农业上是较有潜力的土壤类型。潮土占全市土壤总面积的59%,是全市主要耕种土壤,经耕作改良适种小麦、玉米、棉花等作物。盐土在近海呈带状分布,占全市土壤总面积的36%,自然植被有芦苇、黄须菜、茅草、蒿子等,以开发水、牧养殖为主。水稻土主要分布于利津、垦利老稻区,占土壤总面积的0.4%,经多年水耕熟化,初步具备幼年水稻土的特征。

土地盐渍化,盐碱地数量大、分布广是黄河三角洲土壤的主要特征之一。黄河三角洲现有的53.3万公顷盐碱荒地多分布于近海低地,海拔低,盐碱重(含盐量一般为0.6%~1.0%,高者达3%以上),改良难度大。

五、植被

黄河三角洲属暖温带落叶阔叶林区。区内无地带性植被类型,植被的分布主要受水分土壤含盐量、潜水水位与矿化度、地貌类型的制约以及人类活动的影响,以草甸景观为主体。植物区系的特点是植被类型少,结构简单,组成单纯。在天然植被中,以滨海盐生植被为主,约占56.5%,沼生和水生植被约占21%,灌木柽柳等约占21%,阔叶林仅占1.5%左右。

植被群落分布为:黄须菜群丛,占土壤面积的10.6%;柽柳—黄须菜群丛,占土壤面积的2.2%;马绊草群丛,占土壤面积的4.99%;芦苇群丛,占土壤面积的5.38%;一年生禾本草群丛,占土壤面积的3.59%;白茅—芦苇群丛,占土壤面积的1.75%。人工植被中以农田植被为主,占95.7%。木本栽培植被仅占4.3%左右。植被中有植物种类40多个科、110多个属、160多个种,以禾本科、菊科草本植物最多。在草本植物中,以多年生根茎禾草为主,尤以各种盐生植物占显著地位。

六、自然资源

黄河三角洲地区物产丰富,种类繁多。

(一)土地资源

黄河三角洲区域内土地后备资源丰富,拥有53.3万公顷未利用土地,另有浅海面积近100万公顷。受黄河冲击影响,土地后备资源还在以每年1 000公顷的速度增加,具有吸引要素集聚、发展高效生态经济的独特优势。

(二)矿产资源

黄河三角洲地区有石油、天然气、地热、岩盐、石膏、地下卤水、油页岩、煤、矿泉水、贝壳、砖瓦黏土等资源,是我国重要的能源基地。胜利油田经过勘探开发已发现不同类别的油气田80多个,累计探明石油地质储量54.82亿吨。

(三)渔业资源

黄河口海域是渤海多种经济鱼虾蟹贝的栖息、繁殖、索饵场所,素有"百鱼之乡""东方对虾故乡"等美称。近海渔业资源种类约有130种,其中重要的经济鱼类和无脊椎动物50余种,分布于滩涂的贝类资源近40种,其中经济价值较高的贝类有10余种。

(四)野生动植物资源

黄河三角洲生态环境脆弱,1992年经国务院批准建立黄河三角洲国家级自然保护区,主要保护黄河口新生湿地生态系统和珍稀濒危鸟类,总面积153万公顷。保护区内现共有野生动物1 626种,其中鸟类368种,每年迁徙路过的鸟类有600余万只。有丹顶鹤、白头鹤、白鹤、东方白鹳等12种国家一级保护鸟类,灰鹤、大天鹅、鸳鸯等51种国家二级保护鸟类。普通鸟类以鹭、鹬类涉禽最为多见。水生动物有641种,其中有淡水鱼类108种、海洋鱼类85种。保护区内植物资源丰富,共有393种,其中野生种子植物277种。盐地碱蓬、柽柳和罗布麻在自然保护区内广泛分布,芦苇集中分布面积达26.7万公顷,国家二级重点保护植物野大豆集中分布面积达4 333.3公顷。区内自然植被覆盖率达55.1%,是中国沿海最大的新生湿地自然植被区。

而今所说的黄河三角洲,也指规划的经济区概念。2009年国务院批复《黄河三角洲高效生态经济区发展规划》(以下简称《规划》),黄河三角洲的开发建设正式上升为国家战略。《规划》将黄河三角洲经济区确定为:"以黄河历史冲积平原和鲁北沿海地区为基础,向周边延伸扩展形成的经济区域。地域范围包括东营和滨州两市全部以及与其毗邻,自然环境条件相似的潍坊北部寒亭区、寿光市、昌邑市,德州乐陵市、庆云县,淄博高青县和烟台莱州市。共涉及6个设区市的19个县(市、区),总面积2.65万平方千米,占全省的六分之一。"《规划》的批复标志着黄河三角洲开发进入了新阶段。

黄河三角洲有天然的地理区位优势,面朝渤海湾和莱州湾,西北接京津冀经济圈,东北与辽宁沿海经济带隔海相望,从更大范围来看,西部与广阔的内陆腹地相接壤,向南可抵达长江三角洲经济带的北端,向东可以出海与日本、韩国等东北亚各国交流,使黄河三角洲地区具备沟通国内、国际交流的有利条件。

第二节　黄河三角洲杂粮产业现状、制约因素和对策与展望

杂粮,通常是指玉米、水稻、小麦、薯类、大豆以外的粮豆作物。有几百个小种,例如大麦、高粱、豇豆、谷子、燕麦(莜麦)、糜子、黑豆、黍子、薏仁、籽粒苋、荞麦(甜荞、苦荞)以及菜豆(芸豆)、绿豆、蚕豆、小豆(红小豆、赤豆)、豌豆、小扁豆(兵豆)等。杂粮生长期较短、抗干旱、耐瘠薄、营养丰富、口味独特,有些同时具有一定的保健功能。

一、杂粮产业现状

杂粮在黄河三角洲种植历史悠久、种类多、分布广、资源丰富。以地处黄河入海口的东营市为例,辖区保持着种植杂粮的习惯,大豆、绿豆、谷子、高粱种植面积相对较大,多集中种植;荞麦、黍子、豌豆、黑豆等其他杂粮多为零星种植。近20年来,东营市高粱、谷子、豆类等的播种面积曾超过66 666.7公顷,占当年全市粮食播种面积的1/4以上。其中大豆播种面积在1999年接近66 666.7公顷,年产量约120 000吨;近年来大豆播种面积持续下滑,至2006年,降至6 666.7公顷左右,年产量约10 000吨;2010年至2016年,大豆播种面积1 333~2 000公顷,年产量5 000吨以下,其他杂豆类播种面积666.7公顷左右,年产量100~130吨;据不完全统计,2018年大豆种植面积再创新高,种植面积约10 666.7公顷,是2016年的10倍以上(2016年,大豆种植面积891公顷,单产1 699吨/公顷,数据来源:《东营市统计年鉴》),产量约25 000吨。辖区内谷子播种面积在1995年达2 800公顷,年产量11 400吨;至2009年,谷子播种面积降至6.7公顷

左右,年产量仅 14 吨。2018 年,谷子播种面积超过 160 公顷,年产量约 900 吨。高粱作为辖区内主要杂粮作物之一,播种面积从 66.7 公顷至数千顷不等;2018 年,高粱播种面积再创 20 年新高,播种面积近 4 000 公顷,年产量近 20 000 吨。近年来,受区域农业结构调整和杂粮市场需求等方面的影响,辖区内杂粮种植势头开始回暖。

二、杂粮产业发展的制约因素

当前黄河三角洲杂粮产业发展中还存在许多制约因素,主要是:

一是品种退化、老化,栽培技术落后。一方面,长期以来杂粮种植业用种杂、品种退化严重,新品种推广速度慢,单产水平较低。虽然国内杂粮种类繁多,种质资源丰富,但是育种研究滞后于生产发展,多数地区仍在使用地方性老品种。目前,杂粮生产品种更新缓慢,品质达不到加工技术要求,品种混杂、退化严重,影响杂粮产量、质量和商品性,不利于提高经济效益。另一方面,田间管理粗放,栽培技术落后。杂粮主要在干旱和半干旱、瘠薄地上种植,以传统种植方式为主,机械化、标准化水平低,在规范化栽培、病虫害防治、生产标准化等方面缺乏必要的技术储备。

二是生产规模小,机械化程度低。杂粮总体上生产规模小,生产条件差,抗御自然灾害能力弱。集中连片规模经营的较少,大多是农民零星分散种植,而且多是种植在旱瘠薄地、田边地头,管理粗放,产量较低,机械化程度不高,农业科技到位率较低,高产栽培技术推广不到位。农民种植杂粮享受不到良种补贴、粮食直补等优惠政策,技术推广部门缺乏项目支持,技术推广力度不大,在粮食生产中的地位逐渐边缘化。生产格局分散,规模化、专业化、集约化程度低,缺乏杂粮标准化生产基地,无法推广全程机械化生产,难以形成稳定、可持续发展的杂粮生产体系。

三是加工简单、粗放,产业链条较短。多数企业对杂粮只是经过简单加工就把产品投入市场,加工简单、粗放,技术水平低;深加工的产品数量所占比重小,高附加值产品少;消费者最关心和市场需求量较大的绿色、深加工、保健产品所占比重较小,无法满足人们日趋多样化的市场需求。杂粮种植、收购、流通、加工、销售等诸环节之间互相脱节,产业链条衔接不紧密、不完善、不平衡。科研、生产、加工、销售脱节,没有建成科研、良种、良法和商品化生产、加工、营销一体的杂粮基地和产业带。杂粮产业链条短,龙头企业少、规模小,深加工制品品种少、档次不高,深加工能力明显不足,不能满足不同群体的消费需求,没有大的产业带动力,不能满足一二三产业融合发展的需求。

四是市场开发和产品营销问题较多。第一,杂粮生产、销售仍比较落后,品牌意识淡薄。杂粮虽有资源优势但缺少品牌优势,杂粮传统品牌力量不强、认知度不高,新的品牌后劲不足,缺乏有竞争力的名牌产品,导致杂粮只有产品而形不成大的产业。第二,市场开发处于初级阶段,产品宣传不到位,消费者对杂粮独特的养生保健价值认识不够。第三,杂粮的供给价格反弹性较大,价格对供给量的反应比较敏感,农民缺乏开拓市场的能力,大规模种植后,由于缺乏销售渠道,经常造成积压,一旦杂粮产量增加,市场价格就下滑,导致杂粮生产增产不增收的局面。

五是投入不足,科研和技术推广水平低。长期以来,在作物育种与栽培研究领域,重视大宗作物而忽视杂粮作物。对杂粮的投入不足,研究人员少,研究工作无法深入开展,杂粮育种水平较低,单产突破困难,缺乏配套栽培措施,科研水平滞后于其他主要粮食作物。同时,基层农业技术推广人员编制少、待遇低、工作条件较差,技术推广工作滞缓等,都限制了杂粮产业的推广和发展。

六是缺乏政策支持。杂粮不属于保护价收购范围的粮食品种,地方政府缺乏针对区域性特产杂粮的保护性政策,支持和宣传力度不够,对杂粮产业不够重视。

三、杂粮产业发展的对策与展望

杂粮是食品、饲料、酿造、医药等多种工业的重要原料来源,具有巨大的加工开发市场前景。近年来,随着人们生活水平的提高,杂粮因其独有的风味和丰富的营养,越来越受到人们的青睐,杂粮产业迎来新的发展契机。同时,国际市场对杂粮的需求持续增加,杂粮出口创汇前景广阔。黄河三角洲土地资源丰富,土壤和气候条件适宜,是山东省和中国粮、棉、菜主要产区,也是重要的农业土地后备资源。该地区土壤母质为黄河冲积物,底部属海相沉积物,盐渍化土地的面积超过 40 万公顷。充分利用杂粮作物抗旱、耐瘠、适应性强等特点,适度发展杂粮产业,可促进黄三角盐碱低产田改良、增粮增效,也可通过改善生产条件、改进生产技术、积极推进杂粮产业化,将杂粮资源优势转变为杂粮经济优势,挖掘农业发展新的增长点,促进区域农业可持续发展。

杂粮发展应以产业发展为目标,以资源为基础,以市场为导向,以技术为手段,改善生产条件,变革生产方式,因地制宜,突出特色;黄河三角洲地区杂粮产业需在优化结构的基础上适度发展,要建立标准化、规模化生产基地,培育壮大龙头企业,开发名牌产品,走优质、高产、高效、集约、可持续的发展模式。

一是转变发展理念,准确定位杂粮在农业结构调整中的地位。首先,重视杂粮在农业结构调整中的地位,制定并实施有利于杂粮发展的政策措施,增加科研投入。其次,突出杂粮质量优势和特种营养功能,把杂粮系列产品推向市场。再次,适度扩大经济效益好、产量高、品质好的杂粮品种的种植面积,充分发挥区域优势,使杂粮生产能够稳步有序地发展。

二是增强科技创新,促进产业升级发展。首先,加快杂粮品种的更新换代,在提纯现有杂粮品种的基础上,选育或者引进国内外优良种质资源,筛选出适宜本地种植的杂粮品种,有效防止品种老化。其次,充分发挥当地名优杂粮品种优势,建立优势品种生产基地,逐步建立优质商品基地和原料生产基地。再次,加快杂粮食品加工技术的开发,形成成套的杂粮加工技术;开发特色杂粮产品,强化杂粮的保健功能;为实现特色杂粮加工增值提供技术保障。最后,研究杂粮营养和加工性状,利用现代技术手段,从"主食性食品、方便食品、饮料、冷制品"等多角度,研发"方便型、复合型"的新型杂粮食品,通过复合搭配满足消费者的多种营养需求。同时,丰富食品花样,改善食品口味和口感,开拓新的市场途径。

三是加大政策扶持与宣传力度,加速杂粮产业发展。首先,建立杂粮产业发展的政策支撑体系,激励农民的种植积极性。将杂粮纳入国家良种补贴、种粮直补、农机和农资综合补贴范围。其次,加快优质、特色品种选育,支持杂粮优质、高产、抗逆品种和重大技术研发、示范与推广,做到良种良法配套、农机农艺高效融合,提高优良品种、配套技术入户率和转化率。再次,建立健全杂粮市场监测预警机制,加强杂粮生产的宏观调控,实现杂粮产业稳步发展。最后,加强宣传,扩大社会影响,通过科普宣传、新闻发布、技术培训等各种途径,宣传推广杂粮的健康营养特性和科学食用方法,引导消费者合理消费。

第二章　大豆及栽培关键技术

大豆通称黄豆，为双子叶植物纲、豆科、大豆属的一年生草本，高30～90厘米。茎粗壮，直立，密被褐色长硬毛。叶通常具3小叶；托叶具脉纹，被黄色柔毛；叶柄长2～20厘米；小叶宽卵形；总状花序；总花梗通常有5～8朵花；苞片披针形，被糙伏毛；小苞片披针形，被服帖的刚毛；花萼披针形，花紫色、淡紫色或白色，基部具瓣柄，翼瓣蓖状。荚果肥大，稍弯，下垂，黄绿色，密被褐黄色长毛；种子2～5颗，椭圆形、近球形，种皮光滑，有淡绿、黄、褐和黑色等多样。

大豆古称菽，是我国重要粮食作物之一，呈椭圆形、球形，颜色有黄色、淡绿色、黑色等，故又有黄豆、青豆、黑豆之称。《史记》里有记载，大豆起源于中国，中国人吃大豆已有几千年的历史。先秦时大豆就已成为重要的粮食作物，唐宋以来大豆种植地区逐步向长江流域扩展，目前我国各省区几乎都有栽培，主要产地在东北三省和黄淮海地区。大豆在中国栽培并用作食物及药物已有5 000余年的历史。大豆含有丰富的植物蛋白质，常用来做各种豆制品、榨取豆油、酿造酱油和提取蛋白质等。豆渣或磨成粗粉的大豆常用于禽畜饲料。大豆既含有丰富的油脂又含有丰富的蛋白质，是现代食疗保健的重要组成部分。当下，大豆更是《中国居民膳食指南（2016）》（简称《膳食指南》）中规定的中国居民每天都该摄入的食物之一。大豆具有"豆中之王""田中之肉""绿色的牛乳"等美誉。

近年来，受区域农业结构调整和杂粮市场需求等方面的影响，辖区内杂粮种植势头回暖，大豆种植面积飙升。据不完全统计，2018年大豆种植面积再创新高，种植面积为16万亩，是2016年的10倍以上（2016年，大豆种植面积13 365亩，单产1 699吨/公顷，产量约2.5万吨），发展势头良好。

第一节 大豆的营养成分、功效及利用

一、大豆的主要营养成分

(一)蛋白质

大豆类食物营养价值丰富,含有量多质优的蛋白质。大豆中蛋白质含量为35%~40%。与肉类食物相比,1千克大豆所含蛋白质的数量,按40%含量计相当于2.3千克瘦猪肉或2千克牛肉所含的蛋白质。大豆不仅蛋白质含量高,还富含人体必需的氨基酸,属完全蛋白质。大豆含有丰富的赖氨酸,其含量比谷类粮食高10倍左右;所含的苏氨酸比谷类高5倍左右。赖氨酸是所有谷类的第一限制氨基酸,因此,如果把大豆制品与其他粮食混合食用,不仅可以弥补谷类食物蛋白质的含量不足,还补充了其他谷类食物所不足的氨基酸,从而使混合食物蛋白质的营养价值明显提高。

(二)脂肪

大豆的脂肪含量为15%~20%,以大豆为原料榨成的豆油是我国主要的食用油。大豆油含有丰富的不饱和脂肪酸,其中油酸32%~36%,亚油酸51.7%~57.0%,亚麻酸2%~10%。

此外,大豆还含有1.5%左右的磷脂。不饱和脂肪酸和磷脂对于维持细胞膜的正常功能具有重要作用,同时可促进胆固醇在体内的代谢,是高血压、动脉粥样硬化等心血管疾病患者的理想食物。

(三)碳水化合物

大豆的碳水化合物含量为20%~30%,组成比较复杂,多为纤维素和可溶性糖,几乎不含淀粉。有50%左右的碳水化合物为棉籽糖和水苏糖,又叫大豆低聚糖。

大豆低聚糖不易被肠道的消化酶分解,但是可以被肠道的有益细菌如双歧杆菌利用,是双歧杆菌的增殖因子。大肠中的细菌在利用低聚糖的过程中产酸、产气,有利于肠道健康,但可引起肠胀气。大豆低聚糖也可作为食品的基料,部分代替蔗糖应用于乳酸菌饮料、冰激凌、面包、糕点和巧克力等食品中。

（四）维生素和矿物质

B 族维生素如维生素 B_1、维生素 B_2 的含量在植物性食物中相对较高。大豆含有较多的胡萝卜素和维生素 E,是天然的抗氧化剂。大豆的钙含量丰富,每 100 克黄豆含钙约为 191 毫克,是人们特别是儿童和老年人膳食钙的良好食物来源。大豆含铁 8.2 毫克,是含铁丰富的一类植物性食物。大豆中的植酸和膳食纤维与钙、铁等金属离子结合后影响了其生物利用率,但是在加工制作成豆制品后,植酸和膳食纤维大部分被除去,钙和铁的吸收和利用率大大提高。

二、大豆的主要功效

（一）健脑

大豆中含 1.1％～3.5％的磷脂,以卵磷脂、脑磷脂及磷脂酚肌醇为主,卵磷脂被机体消化吸收释放出胆碱。胆碱类物质在脑组织中具有传递信息的功能,随血液循环系统送至大脑,促进大脑活力提高,记忆力增强。它是大豆中主要的健脑益智、延缓衰老成分。大豆中含有大量的植物蛋白,有科学研究表明,植物蛋白对大脑的保健作用比动物蛋白好,所以平时多吃大豆及其豆制品对大脑是很有益的。

（二）降低胆固醇

大豆蛋白在消化过程中释放出一种与胆汁酸黏合的肽段,从而将胆汁酸随粪便排出体外。由于胆汁酸是由胆固醇组成的,因此,这能起到将胆固醇排出体外的作用。另外,通过将胆固醇转化成胆汁酸,可以达到降低血液中胆固醇水平的作用。

（三）抑制动脉硬化

经推测,大豆蛋白具有显著的降低胆固醇的效果,有一定抑制动脉粥样硬化的效果。佐藤等研究认为蛋白质可抑制动脉硬化的病变过程。还有人认为摄食大豆蛋白可显著降低氧化型胆固醇的消化吸收。因而,摄食大豆蛋白可起到一定的预防动脉粥样硬化的效果。

（四）抑制血压上升

早在 1989 年,日本学者河村等就摄入大豆蛋白、鸡蛋蛋白以及乳蛋白对自发病高血压老鼠的血压影响进行研究,发现摄入大豆蛋白抑制血压上升的效果最佳,其他蛋白对该动物的血压几乎没有什么抑制效果。目前已明确,大豆蛋白中含有一些抑制血管紧缩素转换酶的生物活性多肽片段。在摄食大豆蛋白的消化道中可释放出此类活性多肽,并为机体所吸收,从而起到降血压效果。

(五)抗癌

大豆食品不仅营养价值高,还具有突出的抗癌功效,特别是对乳腺癌、前列腺癌、结肠癌等尤为明显。经过长期科研实验,有关专家认为大豆中至少有5种物质(异黄酮、皂苷、蛋白酶抑制剂、肌醇六磷酸酶和植物固醇)具有防癌功效。长期的临床试验证明:大豆异黄酮对于高雌激素水平者,表现为抗雌激素活性,可防治乳腺癌、子宫内膜炎,具有双向调节平衡功能。大豆皂苷有显著的抗癌活性,具有抑制肿瘤细胞生长的作用,还可抑制血小板减少,具有抗血栓的作用。据国外报道,大豆皂苷对艾滋病病毒感染有一定的抑制作用。

(六)镇痛、强骨骼

大豆具有镇痛的作用。美国霍普金斯大学神经外科专家和以色列大学的研究人员通过实验发现:喂食大豆的大鼠手术后的神经损伤形成的痛觉比没有吃大豆的大鼠低。大豆中还含有丰富的钙、磷等矿物质,每100克大豆至少含有200毫克的钙,这对青少年的骨骼生长和老年人的骨质疏松症的防治具有一定的作用。

(七)提高人体免疫力

人体内的免疫细胞、免疫器官和免疫分子一起组成了人体的免疫系统,识别侵入人体的病原体,然后产生一种特殊的抵抗力,从而有效清除病原体,维护人体健康。而这些人体的健康卫士均是由蛋白质构成的,如果体内蛋白质不足,对病原体的免疫力就会相应减弱。大豆蛋白因其蛋白质含量高且不含胆固醇的突出特点,成为优质蛋白质的良好来源之一。大豆因含有丰富的蛋白质,含有多种人体必需的氨基酸,从而可提高人体免疫力。

三、特色大豆的开发利用

(一)黑大豆

黑大豆为豆科植物,在我国北方大部分地区有野生和栽培两种。按黑大豆子叶的颜色分为黑皮黄仁大豆及黑皮青仁大豆两类。按籽粒的大小可分为大粒、中粒、小粒。黑大豆为典型的黑色食品和传统中药,具有活血、利尿和解毒功效。黑大豆不仅含有丰富的营养成分,还含有独特的生命活性物质和微量元素,具有健身滋补、扶正防病、延年益寿等作用。黑大豆的蛋白质含量居其他豆类之首,不仅富含人体所需的 18 种氨基酸、维生素和微量元素等,还含有丰富的生理活性物质——大豆皂苷,有滋补强身、消炎解毒、补肾利水、活血化瘀、清脑明目等功效。

1. 黑皮黄仁大豆

黑皮黄仁大豆富含蛋白质,其含量高于肉类、鸡蛋和牛奶,素有"植物蛋白之王"的称号,并有广泛的药用价值,且含碘量较高。其中蛋白质 46.3%、脂肪 16.9%、赖氨酸 5.95%、苏氨酸 3.68%、亮氨酸 7.51%、异亮氨酸 4.66%、苯丙氨酸 5.45%、色氨酸 0.98%、组氨酸 2.4%、天门冬氨酸 10.91%、谷氨酸 8.74%、甘氨酸 4.23%、酪氨酸 3.13%。其脂肪酸中不饱和脂肪酸为油酸 18.84%、亚油酸 56.36%、亚麻酸 10.28%。铁含量较高,为 48.31%,并含有糖类胡萝卜素,维生素 B_1、B_2、B_{12}、胆碱等。

2. 黑皮绿子叶大豆

黑皮绿子叶大豆作为食用保健医用品的方法有 20 多种,和黑大豆营养成分相同,但黑皮绿子叶大豆的蛋白质及铁的含量较高,所以不少人喜欢使用它制成各种食品,像黑豆浆、黑豆酒等。根据日本科学家的临床试验证实,黑皮绿子叶大豆有降血压功效;传统中医认为"黑豆解毒补肾",有利尿、治感冒、活血和解毒等功效。

3. 小粒黑豆

能与其他植物配合制作为保健医疗食品,用于治疗贫血、糖尿病等,受到了广大消费者的好评,最直接的作用是改善心悸、盗汗、失眠等更年期症状,尤其可促进人体对钙的吸收,可改善骨质疏松症状。

(二)绿大豆

绿大豆是绿皮绿子叶大豆,绿大豆又可分为绿色大粒豆、绿色中粒豆等,营养成分与黑大豆相似。

(三)褐大豆

褐大豆又称酱大豆,是具有褐色种皮的大豆,又可分为褐色大粒豆、褐大豆两种,可作为制酱企业的加工原料,制出的产品颜色好,口感好,不用调色。

（四）小粒豆

小粒豆是纳豆和芽豆的主要加工原料，其所出豆芽芽长、豆瓣小、口感好。小粒豆发制成豆芽，除含原有的营养成分外，还可产生抗坏血酸，当新鲜蔬菜缺乏时，豆芽是抗坏血酸的良好来源。大豆芽中含天门冬氨酸较多，常用来吊汤增鲜。同时又以低脂肪、高蛋白，成为人们饮食中的美味佳肴，被誉为健康环保绿色食品。

（五）大粒豆

大粒豆的蛋白质含量较高，适宜加工豆制品，青毛豆就是尚未完全成熟的大豆，外皮黄绿色，豆粒青绿色，含水分比较多，不能长期保存。青毛豆营养价值很高，含蛋白质 37％、脂肪 18％，适于做毛豆及出口创汇。由以上介绍可看出，培育高产优质抗病的特色大豆品种，并研制加工成系列保健食品，不仅能带动特色豆的种植，促进农业产业结构的调整，还能使农民增收、农业增效。

第二节　大豆窄行密植技术

窄行密植栽培大豆是在吸收先进国家大豆高产栽培经验的基础上推行的一种综合高产栽培技术，该技术可改善大豆群体结构，增加叶面积指数，提高光能利用率。种植方式可分为：平作窄行密植（深窄密）、大垄窄行密植（130 厘米垄上 4 行或 6 行，又称大垄密植或大垄宽台密植）、小垄窄行密植（45 厘米双条精量点播）、110 厘米垄上三行大垄密植等综合配套模式。

增产增效情况：与传统的 70 厘米宽行距播法相比，窄行密植可增产 20％以上。在生产条件较好的地区和地块，采用窄行密植的大豆亩产能稳定在 200 千克以上，比传统的播种方法增产明显。其技术要点如下：

一、选种

选择节间短、秆强、抗倒伏、耐密植的矮秆或半矮秆品种。

二、深松

深松可以增加土壤的库容量，改善土壤的水分存储能力，满足大豆对水分的需求。

三、深施种肥，喷施叶面肥

一般氮、磷、钾肥（有效成分）可按 1 ∶ 1.15～1.5 ∶ 0.5～0.8 的比例，采用划刀式施肥装置，分层深施于种下 5 厘米和 12 厘米处，一般每亩施尿素 3 千克、磷酸二铵 15 千克、氯化钾 7 千克。在氮、磷肥充足的条件下注意增加钾肥用量。为满足大豆花荚期对养分的需求，可分次用尿素加磷酸二氢钾作为叶面肥进行叶面喷施：第一次施用在初花期，第二次在盛花至结荚初期，每次用量为每亩 300～700 克尿素、100～300 克磷酸二氢钾。

四、播法选择

在土壤状况良好、生产水平较高的地区，可采取平作窄行密植播法；在低洼地块和雨水较多地区，可采用大垄窄行密植播法；在一般生产条件和采用小型拖拉机作业的地区，可采用小垄窄行密植播法。平作窄行密植一般采用双条精量点播，平均行距 17～30 厘米，株距 11～12 厘米，播深 3～5 厘米，用大中机械一次完成作业。大垄窄行密植播法是在秋季用专用大垄宽台起垄机起垄，垄底宽 110 厘米，垄台宽 70 厘米，春季播种时在垄上种植 3 行。45 厘米双条精量点播是在常规栽培技术基础上，缩小垄距至 45 厘米，垄上种植 2 行，行距 12 厘米，使植株分布更加均匀。

五、播种密度

一般品种适宜密度为每亩 2.2 万～2.4 万株，半矮秆品种可增加到 2.4 万～2.6 万株。整地质量好、肥力水平高的地块，要降低播量 10%；整地质量差、肥力水平低的地块，要增加播量 10%。

六、化学除草

窄行密植栽培法可在秋季、春季播前或播后苗前用化学除草剂处理土壤。秋季土壤处理可结合秋施肥进行，可选用速收、乙草胺、金都尔、宝收等除草剂。要根据杂草种类、土壤质地、有机质含量、pH 和自然条件等选择安全性好的除草剂及混合配方。要选择好的喷洒机械，保证喷药质量。

第三节　夏大豆贴茬免耕直播栽培技术

按照绿色高产、高效生产技术要求,夏大豆生产要重点抓好选用优质品种、提高播种质量、科学调控肥水、绿色防控病虫、适时开展收获等关键环节,有效提升夏大豆综合生产能力,充分考虑绿色生产和机械化生产的要求,改善生态环境,提高大豆质量、生产效率和生产水平,确保大豆生产增产增收。

一、品种选择与种子处理

要合理选用品种,满足热量需求,确保大豆正常成熟;要选用优质品种,提高大豆品质、市场竞争力和种植效益;要精选种子,确保种子质量,打好大豆生产增产增收的基础。

(一)合理选用品种,满足热量需求

东营市处于鲁北地区,热量条件相对少一点,可选用生育期相对较短的潍豆8号、潍豆9号、中黄39、菏豆13等品种。齐黄34、齐黄35适应范围较广,可在全市推广。

(二)选用优质品种,提高大豆品质

要注重选用高产、高蛋白、蛋白脂肪双高、抗病性好、适合机械化收获的大豆品种,提高大豆品质,满足食用大豆消费市场需求,促进大豆机械化生产。齐黄34属蛋白脂肪双高品种,豆腐产出率高,抗病性好,耐涝性强,耐盐碱,适于机械化收获,可作为重点推介的优质大豆品种。

(三)精选种子,提高种子质量

播种前要精选种子,剔除病粒、残粒、虫食粒及杂粒,并确保种子饱满、均匀、活力强,种子质量达到种子分级二级标准以上。针对东营市大豆种植常见的大豆根腐病、蛴螬等病虫害,可选用26%多克福种衣剂1:60或15%福克种衣剂1:60进行种子包衣处理,预防主要病虫害的发生。微肥拌种和种子包衣同时应用时,应先微肥拌种,阴干后再进行种子包衣。根瘤菌应避免与酸性农药同时应用。

二、提高播种质量,确保苗齐、苗匀、苗壮

播种是夏大豆生产最关键的技术环节,要着力抓好抢时早播、足墒播种、增施肥料、机械精播等播种关键技术,提高播种质量,及时查苗、足墒补种,打好苗齐、苗匀、苗壮的基础。

(一)抢时早播,足墒播种

小麦收后要抢时播种,越早越好,最晚在 6 月 25 日前结束播种。适墒土壤水分为土壤水分含量 19%～20%,最有利于大豆种子萌发和出苗。墒情不足,要先浇水后播种,或播后微喷或滴灌,确保适宜的土壤墒情。采取播后喷灌时,要浅播种,少喷水,不积水,以免土壤板结,造成出苗困难。

(二)增施肥料,机械精播

结合播种每亩施大豆专用复合肥 10～20 千克。采取精量播种,机械匀播,播种深度 2～4 厘米。根据地力和品种特性,选择合理的株行距。一般中上等地力采用 40 或 50 厘米等行距,或 50×33 厘米宽窄行,亩播大豆种子 4～6 千克,亩留苗 12 000 株左右。中下等地力亩留苗 15 000 株以上,上等地力亩留苗 10 000 株左右。

(三)及时查苗,足墒补种

大豆出苗后要及时查苗,当夏大豆长出 2～3 片复叶时,就要做好密度控制,以免后期影响大豆产量。在此期间对密度较大的豆田实施间苗,密度较小的豆田进行补苗,间苗时应挑选小苗、病苗、弱苗和疙瘩苗进行疏除。断垄 30 厘米以内的可在两端留双株,断垄 30 厘米以上的要及时补种,补苗时应选择阴雨天,或晴天的下午进行芽苗带土移栽,以免高温造成新补苗的枯死,确保苗齐、苗匀、苗壮。

三、科学调控肥水,充分改善大豆营养状况

要科学进行肥水管理,浇好关键水,施好关键肥;要大力推广水肥一体化技术,在节水省肥的基础上,充分改善大豆营养状况,确保大豆增产增收。

(一)浇好关键水

主要包括出苗、开花结荚和鼓粒三个关键时期的水分供应。一是浇好出苗

水。夏大豆播种时，干热风较重，一般情况下土壤墒情较差。部分地区播种时由于土壤墒情不足，会采取浇水造墒播种，但易造成播种推迟，影响产量。最好的方法是播种后喷灌或滴灌浇水，可在播种后当天喷灌一次，出苗前（播种后第 4 天）再喷灌一次，确保大豆正常出苗。二是浇好开花结荚水。开花结荚期（播种后 30～70 天）大豆需水量较大，是大豆需水的关键时期。如果出现干旱应立即浇水，减少落花、落荚，增加单株荚数和单株粒数。三是浇好鼓粒水。鼓粒期（播种后 70～105 天）是籽粒形成的关键时期，如果出现干旱应立即浇水，减少落荚，确保鼓粒，增加单株有效荚数、单株粒数和百粒重。大豆比较耐涝，但遇有涝灾或田间积水时应及时排水，待积水排干适当散墒后，追施速效氮磷钾复合肥补充养分。

（二）施好关键肥

主要包括培肥地力、鼓粒初期追肥和鼓粒中后期喷施叶面肥三个关键时期的养分供应。一是培肥地力。土壤肥力不足可于播种前每亩施腐熟好的优质有机肥 1 000 千克以上，培肥地力，保障养分的持续供应。二是鼓粒初期追肥。鼓粒初期（播种后 70 天左右）是籽粒形成的关键时期，每亩追施氮磷钾复合肥 10 千克以上，保荚、促鼓粒，增加单株有效荚数、单株粒数和百粒重。三是鼓粒中后期喷施叶面肥。鼓粒中后期（播种后 80～105 天）每 7～10 天叶面喷施磷酸二氢钾 1 次，可延缓大豆叶片衰老，促进鼓粒，增加百粒重，提高产量。对旺长田块，于初花期叶面喷施 50～150 毫克/升的烯效唑或 100～200 毫克/升的多效唑，控制基部节间伸长和旺长，防止倒伏。要严格控制烯效唑、多效唑等生长调节剂的施用量和使用时机。

四、绿色防控病虫，改善生态环境

大豆病虫害防控要坚持"预防为主，综合防治"的方针，加强农业防治、生物防治、物理防治和化学防治的协调与配套，大力推广绿色防控病虫害技术，采用物理控虫技术、低毒农药防治病害技术，在有效控制病虫危害的基础上，改善生态环境。

（一）病害防治

采用轮作、换茬等农业措施，可以有效防治大豆胞囊线虫病。选用抗病品种，以防治大豆花叶病毒病、大豆霜霉病、大豆胞囊线虫病、紫斑病、褐斑病等山东省主要大豆病害。及时防治蚜虫可以减少大豆花叶病毒传播。喷施生物杀菌剂,防治细菌性和真菌性病害。喷施化学杀菌剂、病毒抑制剂,防治细菌性、真菌性和病毒性病害。严格控制化学农药施用量,减少农药残留。

(二)虫害防控

采用冬耕、清除田边杂草等措施,可以有效防治豆天蛾、豆荚螟、大豆食心虫等害虫。应用频振式杀虫灯诱杀害虫技术,对金龟甲、棉铃虫、地老虎等常发性害虫诱杀效果显著。大豆出苗后 10~20 天,使用内吸性药剂防治豆秆黑潜蝇。苗期、花期和生长中后期,选用高效低毒药剂防治红蜘蛛、蚜虫、造桥虫、卷叶螟、斜纹夜蛾等害虫。现蕾开花期,喷施吡虫啉+氰戊菊酯或氟虫腈或氯虫·噻虫嗪,隔 7~10 天喷 1 次,连喷 2 次,防治点蜂缘蝽等刺吸性害虫。早晨或傍晚害虫活动较迟钝,此时用药效果较好。

(三)杂草防治

田间杂草的防治应以农业措施除草为主,化学除草为辅。苗期中耕、培土也可有效预防杂草。大豆对许多化学除草剂非常敏感,因此应该谨慎使用。化学除草可采用播前土壤处理、播后苗前封闭、苗后茎叶喷施等方式,应正确选择高效低毒的除草剂,并严格按照说明书推荐剂量使用,避免造成当季大豆药害或影响后茬作物生长。田间秸秆量大的地块,可根据土壤情况、杂草种类和草龄选择除草剂进行苗后除草。

五、适时开展收获,提高收获质量

大豆的收获方式包括人工收获和机械收获两种。适宜的人工收获时期在大豆黄熟末期或手摇动植株有响声的时期,机械收获时间可适当推迟 3~5 天,或籽粒含水量降至 18% 以下时。对不裂荚、抗倒伏、底荚高度适中的大豆品种提倡采用机械收获,机械收获最好选用大豆专用收割机收获,调整好收割机的拨禾轮转速、滚筒转速、间距以及割台的高度,降低大豆籽粒的破损率,减轻拨禾轮对植株的击打力度,减少落荚、落粒损失。机收时应避开露水,清除杂草,防止籽粒黏附泥土,影响外观品质。

第四节　大豆、玉米间作栽培技术

玉米间种大豆种植模式,间作套种优势明显,从生物学角度分析,玉米、大豆间作套种高产栽培技术能够保证所有玉米均受到边际效应的有利影响,同时大豆根系所固定的氮肥也能被玉米有效利用。处于玉米植株间的大豆可以获得较大生长空间,实现光能与土壤养分的有效利用,提高土地利用率,且大豆的产量与质量也有显著提升。

玉米、大豆间作套种栽培技术有效利用了两种作物间形态与生理作用的互补,提高了养分的利用效率,同时避免单一作物种植引发的病虫害,减少土壤污染。两种作物的高矮合理搭配,具有边行优势补偿效应,能体现复合群体的互补关系,提高了单位面积产量和效益。由一年两熟增加为三熟,扩大复种指数,提高单位面积产出率,从而达到高产高效的集约生产形式。主要技术要点如下:

一、整地

首先,要选择一块比较平整、肥沃的土地,而且要做到土细地平,这样做的目的是便于播种后及时出苗。其次,播种以后一般根据土地的平整情况进行分墒开沟,以利于后期的排涝。

二、选种

对于套种的田地,选种尤其重要,一般玉米要求选择抗病、优质、株型紧凑、高产的中矮秆品种;而黄豆要求选择早熟、矮秆、耐阴的品种,黄淮海地区,推荐种植齐黄 34。这样两者进行结合,才能够更加有利于玉米和黄豆的生长。

三、播种

各地要结合当地的气候条件进行播种,一般玉米选择在 4 月 20 日至 5 月底进行播种;而黄豆的播种可以较玉米的播种延迟 5 天左右。这些还要结合农民的具体时间来安排。因为两者的生长周期相差不是很大。

四、规范栽培技术

玉米、黄豆按 2∶3 进行,即 2 行玉米 3 行黄豆,播幅为 200 厘米,玉米宽窄行种植,大行距 160 厘米,小行距 40 厘米,单株距 20 厘米(双株 40 厘米)。在玉米大行间种植黄豆,玉米与黄豆行距 50 厘米,黄豆行距 30 厘米,穴播,穴距 30 厘米,每穴点种 4 粒,留 3 苗。

这里要说一下密植,如果种植的密度过大,不利于产品果实的长大;如果密度过小,影响产量。因此,一般玉米种植的密度为 3 900 株/亩,黄豆的种植密度为 5 000 株/亩。

五、施肥

施足基肥,适时追肥。基肥是保障玉米、大豆苗期及开花前对营养的需求,能早出苗,长壮苗。基肥的种类应以有机肥为主,氮、磷、钾合理配施,每亩施农家肥 1 000 千克,玉米施三元复合肥 25~30 千克,大豆施三元复合肥 10~15 千克;追肥,玉米 4~5 叶期(定苗后)每亩施尿素 10 千克,9~10 叶期施尿素 15~20 千克,大豆初花期施尿素 3~5 千克。后期根据黄豆的出苗情况进行酌情施肥,可以用少量的尿素进行追肥,但不宜过多。

六、病虫害防治

采用 3%辛硫磷颗粒剂在播种的时候施入,用来防治地下害虫;选用毒死蜱、三唑磷、功夫、辛硫磷等杀虫剂进行喷雾防治食叶害虫。玉米的病害选择爱苗、多菌灵和粉锈宁混合防治,抵制杂草的生长可以选择 38%莠去津 300 毫升在盖膜前均匀喷雾防治,还应注意防治地老虎、玉米螟、纹枯病等。大豆幼苗真叶期防治立枯病、根腐病,盛花期防治霜霉病的炭疽病以及红蜘蛛、大豆食心虫等害虫。

七、适时开展收获,提高收获质量

当大豆和玉米同时成熟,或大豆先于玉米成熟时,先用小型大豆收获机(或改装的小型稻麦收割机)收大豆,然后用 2 行或 3 行玉米机收玉米。

大豆的收获方式同本章第三节中所述。

玉米果穗下部籽粒乳线消失,籽粒含水量 30%左右,果穗苞叶变白而松散时收获粒重最高,玉米的产量最高,可以作为玉米适期收获的主要标志。

第五节 大豆主要品种介绍

以下对山东省 2014 年和 2016 年农业主推技术和主导品种中推荐的大豆品

种进行介绍。2014 年大豆品种有 5 个,分别是齐黄 34、菏豆 19 号、山宁 16 号、临豆 9 号、潍豆 8 号。2016 年大豆品种有 5 个,分别是齐黄 34、临豆 10 号、山宁 16 号、潍豆 8 号、菏豆 23 号。

一、齐黄 34

审定编号:国审豆 2013009。

选育单位:山东省农业科学院作物研究所。

品种来源:诱处四号/86573－16。

特征特性:普通型夏大豆品种,黄淮海夏播生育期平均 108 天,与对照邯豆 5 号相当。株型半收敛,有限结荚习性。株高 68.8 厘米,主茎 15 节,有效分枝 1.2 个,底荚高度 21.4 厘米,单株有效荚数 32 个,单株 68.6 粒,单株粒重 18.6 克,百粒重 26.9 克。卵圆叶、白花、棕毛。籽粒圆形,种皮黄色、无光,种脐黑色。接种鉴定,中感花叶病毒病 3 号和 7 号株系,高感胞囊线虫病 1 号生理小种。粗蛋白含量 42.58％,粗脂肪含量 19.97％。

产量表现:2010～2011 年参加黄淮海夏大豆中片组品种区域试验,两年平均亩产 198.6 千克,比对照邯豆 5 号增产 5.4％。2012 年生产试验,平均亩产 217.6 千克,比邯豆 5 号增产 12.0％。

栽培技术要点:第一,一般 6 月中下旬播种,条播行距 40～50 厘米。第二,亩种植密度,高肥力地块 11 000 株,中等肥力地块 13 000 株,低肥力地块 17 000 株。第三,亩施腐熟有机肥 1 000 千克,鼓粒期亩追施三元复合肥 10 千克,叶面喷施磷酸二氢钾 3 次。

审定意见:该品种符合国家大豆品种审定标准,通过审定。

适宜地区:在山东中部、河南东北部及陕西关中平原地区夏播种植。胞囊线虫病发病区慎用。

二、临豆 10 号

审定编号:国审豆 2010008。

选育单位:山东省临沂市农业科学院。

品种来源:中作 975/菏 95－1//菏 95－1。

特征特性:该品种生育期 105 天,株型收敛,有限结荚习性。株高 68.3 厘米,主茎 15 节,有效分枝 1.4 个,底荚高度 14.7 厘米,单株有效荚数 31.9 个,单株 69.4 粒,单株粒重 16.1 克,百粒重 23.6 克。卵圆叶、紫花、灰毛。籽粒椭圆形,种皮黄色、无光,种脐深褐色。接种鉴定,中抗花叶病毒病 3 号株系,中感花叶病毒病 7 号株系,中抗胞囊线虫病 1 号生理小种。粗蛋白含量40.98%,粗脂肪含量 20.41%。

产量表现:2008 年参加黄淮海南片夏大豆品种区域试验,平均亩产 197.8 千克,比对照中黄 13 增产 4.2%;2009 年续试,平均亩产 185.2 千克,比对照增产 8.4%(极显著)。两年区域试验平均亩产 191.6 千克,比对照增产 6.3%。2009 年生产试验,平均亩产 171.3 千克,比对照增产 10.1%。

栽培技术要点:6 月上旬至下旬播种,采用等距点播或穴播,每亩种植密度 1.2 万~1.7 万株。每亩施 500~1 000 千克腐熟有机肥或 10~15 千克氮磷钾三元复合肥做基肥,初花期追施 10~15 千克氮磷钾三元复合肥。

审定意见:该品种符合国家大豆品种审定标准,通过审定。

适宜地区:在山东南部、河南南部、江苏和安徽两省淮河以北地区夏播种植。

三、山宁 16 号

审定编号:国审豆 2009017。

选育单位:山东省济宁市农业科学研究院。

品种来源:93060×鉴98227。

特征特性:该品种生育期 109 天,株高 76.34 厘米,椭圆叶、白花、灰毛,有限结荚习性,株型收敛,主茎14.44 节,有效分枝 1.0 个。单株有效荚数 33.4 个,单株 73.1 粒,单株粒重 17.9 克,百粒重 25.1 克,籽粒椭圆形,黄色、褐色脐。接种鉴定,抗花叶病毒病 3 号株系,中抗花叶病毒病 7 号株系;中感大豆胞囊线虫病 1 号生理小种。粗蛋白质含量 43.82%,粗脂肪含量 19.28%。

产量表现:2007 年参加黄淮海中片夏大豆品种区域试验,平均亩产 200.3 千克,比对照齐黄 28 号增产 8.9%(极显著);2008 年续试,平均亩产 198.7 千克,比对照增产 4.9%(极显著);两年平均亩产 200.3 千克,比对照增产 6.9%。2008 年生产试验,平均亩产 192.9 千克,比对照增产 3.2%。

栽培技术要点:6 月中旬播种,每亩种植密度 1.2 万~1.5 万株;播前每亩深施 10~15 千克复合肥做底肥,或初花期深施同量的复合肥做追肥。

审定意见：该品种符合国家大豆品种审定标准，通过审定。

适宜地区：在山西南部、河南中部和北部、河北南部和陕西关中地区夏播种植。

四、潍豆 8 号

审定编号：国审豆 20180022。

申请者：山东省潍坊市农业科学院。

育种者：山东省潍坊市农业科学院。

品种来源：9804/M5。

特征特性：黄淮海夏大豆高油型品种，夏播生育期平均 95 天，比对照中黄 13 早熟 1 天。株型收敛，有限结荚习性。株高 53 厘米，主茎 12.6 节，有效分枝 2.1 个，底荚高度 10.7 厘米，单株有效荚数 46.6 个，单株 89.9 粒，单株粒重 17.6 克，百粒重 20 克。卵圆叶、紫花、棕毛。籽粒椭圆形，种皮黄色、微（有）光，种脐褐色。接种鉴定，抗花叶病毒病 3 号株系，中感花叶病毒病 7 号株系，高感胞囊线虫病 1 号生理小种。籽粒粗蛋白含量 41.37%，粗脂肪含量 22.08%。

产量表现：2015～2016 年参加黄淮海夏大豆南片品种区域试验，两年平均亩产 209.65 千克，比对照增产 1.28%。2017 年生产试验，平均亩产 187.42 千克，比对照中黄 13 增产 6.57%。

栽培技术要点：第一，一般 6 月中旬播种，条播行距 40～50 厘米；第二，亩种植密度 12 000～15 000 株；第三，深耕前亩施有机肥 1 000 千克，氮磷钾三元复合肥 25 千克，初花期亩追施氮磷钾三元复合肥 10 千克。

审定意见：该品种符合国家大豆品种审定标准，通过审定。

适宜地区：在山东南部、河南中南部（周口地区除外）和东部、江苏和安徽两省淮河以北地区夏播种植。胞囊线虫病发病区慎用。

五、菏豆 23 号

审定编号：鲁农审 2015026 号。

育种者：山东省菏泽市农业科学院。

品种来源：常规品种，系豆交 69 与豫豆 8 号杂交后选育。

特征特性：有限结荚习性，株型收敛。区域试验结果：生育期 103 天，与对照菏豆 12 号相当;株高 71.6 厘米,有效分枝 1.7 个,主茎 15 节,圆叶、紫花、灰毛、落叶、不裂荚,单株 95 粒,籽粒椭圆形,种皮黄色,有光泽,种脐淡褐色,百粒重 25.3 克。2012 年经农业部谷物品质监督检验测试中心品质分析(干基):蛋白质含量 42.74%,脂肪含量 18.46%。2012 年经南京农业大学国家大豆改良中心接种鉴定:抗花叶病毒 3 号和 7 号株系。

产量表现:在 2012～2013 年全省夏大豆品种区域试验中,两年平均亩产 221.7 千克,比对照菏豆 12 号增产 6.8%;2014 年生产试验平均亩产 232.8 千克,比对照菏豆 12 号增产 3.3%。

栽培技术要点:适宜密度为每亩 9 000～12 000 株,其他管理措施同一般大田。

适宜地区:山东省适宜地区。

六、菏豆 19 号

审定编号:鲁农审 2010022 号。

育种者:山东省菏泽市农业科学院。

品种来源:常规品种,系郑交 9001 与日本黑豆杂交后系统选育。

特征特性:属中熟夏大豆品种,有限结荚习性。区域试验结果:生育期 104 天,与对照菏豆 12 号相当;株型收敛,株高 69 厘米,有效分枝 1.8 个,主茎 14.5 节,单株 96 粒,圆叶、紫花、灰毛、落叶、不裂荚,籽粒椭圆形,种皮黄色,脐褐色,百粒重 24.1 克;花叶病毒病较轻。2007、2009 两年经农业部食品质量监督检验测试中心检测(干基):蛋白质含量 39.5%,脂肪含量 18.0%。2007 年经南京农业大学国家大豆改良中心接种鉴定:中感 SC－3 花叶病毒、感 SC－7 花叶病毒。

产量表现:在山东全省夏大豆品种区域试验中,2007 年平均亩产 213.4 千克,比对照鲁豆 11 号增产 27.7%;2008 年平均亩产 227.8 千克,比对照菏豆 12 号增产 2.4%;2009 年生产试验平均亩产 188.7 千克,比对照菏豆 12 号增产 5.5%。

栽培技术要点:适宜密度为每亩 13 000～15 000 株。其他管理措施同一般大田。

适宜地区:鲁中、鲁南、鲁西南地区。

七、临豆 9 号

审定编号:鲁农审 2008028 号。

育种者:山东省临沂市农业科学院。

品种来源:常规品种。系长叶 18 与临 145 杂交后系统选育。

特征特性:属中晚熟夏大豆品种。区域试验结果:生育期 108 天,比对照鲁豆 11 号晚熟 11 天。有限结荚习性,株型收敛;株高 74.7 厘米,有效分枝 2.9 个,主茎 15 节,单株 81 粒,圆叶、白花、棕毛、落叶、不裂荚,籽粒椭圆形,种皮黄色,脐褐色,百粒重 20.3 克,花叶病毒病较轻。2005 年、2007 年经农业部食品质量监督检验测试中心(济南)品质分析(干基):平均蛋白质含量 40.7%,脂肪含量 17.9%。

产量表现:在 2005－2006 年山东全省大豆品种区域试验中,两年平均亩产 187.0 千克,比对照鲁豆 11 号增产 10.6%;2007 年生产试验,平均亩产 201.3 千克,比对照鲁豆 11 号增产 10.7%。

栽培技术要点:适宜密度为每亩 12 000～15 000 株。其他管理措施同一般大田。

适宜地区:鲁南、鲁西南、鲁中、鲁北、鲁西北地区。

第三章 谷子及绿色高效生产技术

谷子是禾本科一年生草本植物,须根粗大。秆粗壮,直立,高0.1~1米或更高。叶鞘松裹茎秆,密具疣毛或无毛,毛以近边缘及与叶片交接处的背面为密,边缘密具纤毛;叶舌为一圈纤毛;叶片长披针形或线状披针形,有明显的中脉和小脉,具有细毛;圆锥花序呈圆柱状或近纺锤状,通常下垂,基部多少有间断,长10~40厘米,宽1~5厘米,常因品种的不同而多变异;主轴密生柔毛,刚毛显著长于或稍长于小穗,黄色、褐色或紫色;小穗椭圆形或近圆球形,长2~3毫米,黄色、橘红色或紫色。第一颖长为小穗的1/3~1/2,具3脉;第二颖或长为小穗的3/4,先端钝,具5~9脉;第一外稃与小穗等长,具5~7脉,其内稃薄纸质,披针形,长为其2/3;第二外稃等长于第一外稃,卵圆形或圆球形,质坚硬,平滑或具细点状皱纹,成熟后自第一外稃基部和颖分离脱落;鳞被先端不平,呈微波状;花柱基部分离;叶表皮细胞同狗尾草类型。穗长20~30厘米;小穗成簇聚生在三级支梗上,小穗基本有刺毛。每穗结实数百至上千粒,籽实极小,径约0.1厘米,谷穗一般成熟后金黄色,卵圆形籽实,粒小,多为黄色,去皮后俗称小米。稃壳有白、红、黄、黑、橙等颜色,俗称"粟有五彩"。

谷子古称稷、粟,亦称粱。我国是栽培谷子的起源地,具有悠久的种植史,黄河中上游为主要栽培区,其他地区也有少量栽种。同时,谷子广泛栽培于亚欧大陆的温带和热带。我国是世界上唯一对谷子进行系统研究和充分利用的国家。在干旱半干旱地区,谷子是稳产、高产的主要粮食作物。在旱地农业可持续发展和节水农业生产中,有着其他作物无法替代的重要地位。谷子营养丰富,并有软化血管、防止动脉粥样硬化的作用;谷草、谷糠和秕谷是驴、马等大牲口的优等饲料,谷糠还是酿酒的原料之一。

第一节 谷子的营养成分与开发利用

一、谷子的营养成分

(一)籽粒营养成分

籽粒含有丰富的营养物质,粗蛋白含量平均为 12.7%;其人体必需氨基酸含量占氨基酸总量的 41.9%,必需氨基酸指数为 92.97;限制性氨基酸是赖氨酸,为蛋白质总量的 2.17%。脂肪含量平均为 4.05%,85% 为不饱和脂肪酸,亚油酸含量约 65%,有很好的保健功效。维生素 A 含量 0.19 毫克/100 克,维生素 B_1含量 0.76 毫克/100 克,维生素 B 含量 0.12 毫克/100 克,维生素 E 含量 20 毫克/100 克,硒含量 0.07 毫克/100 克。但不同品种间有差异(见表 3-1)。

表 3-1 小米、大米与小麦粉的必需氨基酸含量比较(毫克/100 克)

(数据来源:食物成分表,1991)

种类	异亮氨酸	亮氨酸	赖氨酸	蛋氨酸	胱氨酸	苯丙氨酸	酪氨酸	色氨酸	缬氨酸	组氨酸	苏氨酸
小米	405	1205	182	301	228	510	268	184	499	174	338
大米	278	549	239	184	166	357	307	128	394	394	141
小麦粉	403	768	280	140	254	514	340	135	514	514	227

(二)谷草的营养成分

谷草是禾本科作物中营养价值最高的秸秆,谷草每千克约含 16 克可消化蛋白质、15~22 克胡萝卜素,适口性好,有甜味,为牛、马等大牲口最宝贵的粗饲料之一。秕谷是谷子脱粒时的副产品,含有 6.7% 的粗蛋白、40.4% 的无氮浸出物及 26.4% 的纤维素;谷糠含有 7.2% 的粗蛋白、2.8% 的脂肪、40% 的无氮浸出物及 23.7% 的纤维素。秕谷和谷糠均可作为牲畜料,谷糠还能够作为酿酒、制醋的材料。

二、谷子的开发利用

据古代《神农本草经》记载,小米的药用价值在于它具有养肾气、除胃热、治消渴(糖尿病)、利小便的疗效。现代医学研究还表明,食用小米具有防止脂肪肝、降低胆固醇和防癌的作用。

小米是我国北方地区城乡广大人民群众十分喜爱的杂粮。小米适口性好,制作干饭、稀饭均佳,而且小米的营养成分很易被人体消化吸收。目前市场上的小米加工转化产品还很少,现在虽然已有经过精选小袋包装的优质小米上市,但是其加工相对简单,技术含量低,加工品种少。参照国内外大米的加工技术,小米可加工开发一些食用方便、花色繁多的食品。

(一)精制营养强化小米

为了进一步保存和提高小米的营养价值,可以在小米精制的基础上,选择适当的营养强化剂配合加工,使小米的营养成分更加完善,进一步增强小米的营养、保健功能。

(二)速食小米粥

在我国北方地区,许多人十分喜欢吃小米稀饭,但随着人们生活节奏的加快、厨房灶具的改善和煤气灶、电子灶的使用,煮小米稀饭显得既费时又费事。因此,开发速熟小米粥制品,必将受到消费者的青睐。

(三)方便小米糊

目前,我国市场上有各种各样的"糊"状食品,如黑芝麻糊、花生糊、核桃糊,小米也可以加工成食用方便的小米糊。

(四)方便小米粉

在我国南方地区,大米除了直接加工成米饭进行食用以外,另外一种主要加工制品是米粉,目前米粉的方便食品已经开发研制成功。小米深加工中也可以开发研制方便小米粉,以增加小米加工制品及方便面食品的花色、品种,满足消费者的不同需求。

第二节 麦茬直播谷子简化栽培技术

麦茬直播谷子简化栽培技术包括:谷子新品种选择、麦后贴茬直播、谷子精量播种和机械化作业(机播、机收)等。主要技术要点如下:

一、产地环境

选择地势平坦、无涝洼、无污染、有灌溉条件的地块。

二、播前准备

(一)小麦秸秆粉碎还田

用秸秆还田机切碎前茬秸秆,麦茬高度应控制在 15 厘米以内,秸秆切碎长度不超过 15 厘米,并做到麦秸抛撒覆盖均匀。

(二)造墒

播种前如墒情不足,应于小麦收获后浇地造墒。

(三)选择免耕播种机

选用可一次性完成破茬清垄、精量播种、施肥、覆土镇压等多项作业的免耕播种机。

(四)品种选择

选择适合当地条件的抗旱、抗倒伏、高产优质、适宜机械化收获的谷子品种。可选用济谷 19、济谷 20、济谷 21、豫谷 18 等。

(五)种子处理

1. 晒种

播种前 10 天内晒种 1~2 天,但要防止暴晒,以免降低发芽率。

2. 精选种子

播种前对种子进行精选,用 10% 的盐水对种子进行精选,清除草籽、秕粒、杂物等,清水洗净,晾干。

三、播种

(一)播期与播量

小麦收获后及时播种,每亩适宜播种量为 0.4~0.6 千克。根据土壤墒情、种子发芽率控制用种量,以不缺苗、不间苗为宜。

(二)播种

播种行距一般为 50 厘米,播种深度 2~3 厘米。播种要匀速,保证破茬清垄效果,播种、施肥、镇压均匀。

四、施肥

(一)基肥

中等地力条件下,每亩施氮磷钾复合肥 30 千克做底肥。

(二)追肥

分拔节肥和花粒肥两次施用。拔节肥:拔节期结合灌水每亩追施尿素 10～15 千克。花粒肥:灌浆初期叶面喷施 0.2％磷酸二氢钾水溶液两次。

五、田间管理

(一)杂草防治

播种后出苗前可采用 44％单嘧磺隆(谷友)每亩用 100～120 克封地处理。抗除草剂品种采用配套除草剂化学除草。

(二)病虫害防治

1. 谷瘟病

发病初期用 40％克瘟散乳油 500～800 倍液喷雾,或 6％春雷霉素可湿性粉剂 500～600 倍液喷雾,每亩用药液 40 千克。

2. 白发病

用 25％的甲霜灵(瑞毒霉)可湿性粉剂按种子重量的 0.3％拌种。

3. 黏虫

高效、低毒、低残留的菊酯类农药,兑水常规喷雾。

4. 玉米螟

播种后 1 个月左右(孕穗初期)用高效、低毒、低残的菊酯类农药,兑水常规喷雾。

5. 地下害虫防治

用 50％辛硫磷乳油 30 毫升,加水 200 毫升拌种 10 千克,防治蝼蛄、金针虫、蛴螬等地下害虫及谷子线虫病。

六、机械收获

一般在蜡熟末期或完熟初期进行收获,此期间种子含水量 20％左右,95％谷粒硬化。采用联合收割机收获,可大幅度提高生产效率。

第三节　绿色谷子生产技术

一、产地环境

选择地势平坦、土层深厚、保水保肥、排水良好、肥力中等的地块,有机质含量1‰以上,pH 6.5～8.0,避免重迎茬。产地周围无农药残留污染等,具有较高的土壤肥力,产地环境质量符合《绿色食品产地环境技术条件》(NY/T391—2000)。

二、整地

(一)春播

前茬作物收获后,及时进行秋翻,秋翻深度一般在20～25厘米,要求深浅一致、平整严实、不漏耕。底肥可随秋翻施入。早春耙耢,使土壤疏松,达到上平下碎。

(二)夏播

前茬作物收获后,有条件的可以进行浅耕或浅松,抢茬的可以贴茬播种。

三、品种选择及种子处理

(一)品种选择

谷子系短日照喜温作物,对光温条件反应敏感。必须选用适合当地栽培,优质、高产、抗病性强的品种。可以选用济谷19、20、21及冀谷39和豫谷18等优质、抗逆性强、增产潜力大的谷子品种。不使用转基因谷子品种,种子质量应符合《粮食作物禾谷类》(GB4404.1—1996)的要求。

(二)种子质量与处理

1.种子质量

种子发芽率不低于85％,纯度不低于97％,净度不低于98％,含水率不高于13％。

2.种子处理

播前10天内,晒种1～2天,提高种子发芽率和发芽势。用10％盐水进行种子精选,去除秕粒和杂质。清水洗净后,晾干。

四、播种

(一)播期

春播:地温稳定在10℃以上就可以播种。但也不宜过早,避免谷子病害发病严重。一般在5月上旬开始播种。

夏播:前茬收获后应抢时播种,越早越好。争取6月底前完成播种。

(二)播量

建议使用精播机播种,每亩用种量0.4~0.6千克。墒情好的春白地0.4千克左右,贴茬播种0.5~0.6千克。播种要做到深浅一致,覆土均匀,覆土2~3厘米,适墒镇压。

(三)种植方式

行距40~50厘米,株距3~4厘米,每亩留苗4万~5万株。

五、施肥

施肥必须符合《绿色食品肥料使用准则》(NY/T394—2000),尽量减少化肥使用次数,提倡使用无害化处理的农家肥,绿色食品、有机食品专用肥等。

(一)施肥量

每亩施腐熟的优质有机肥1 500千克以上,施磷酸二铵10千克左右,尿素10~15千克,硫酸钾3~5千克。

(二)施肥方法

磷酸二铵和硫酸钾全部用作底肥,尿素1/2做种肥,1/2做追肥,追肥时间为孕穗期中期。

六、田间管理

(一)间苗、定苗

4~5叶期间苗,间苗时要拔除弱苗和枯心苗,6~7叶期按要求密度定苗,定苗密度根据品种特性和土壤肥力而定,一般每亩留苗1.8万~2.2万株。

(二)中耕除草

幼苗期结合间定苗中耕除草。拔节后,细清垄,结合追肥进行第二次深中耕,深度7~8厘米,将杂草、病苗、弱苗清除,松土、通气并高培土。孕穗中期进行第三次浅锄,深度约5厘米,促进多发气生根,增加须根,防止倒伏。做到"头遍浅,二遍深,三遍不伤根"。

(三)化学除草

每亩用44%谷友可湿粉剂80~120克,兑水50千克,播后苗前土壤喷雾,防除阔叶和禾本科杂草。

(四)浇水

拔节期、抽穗期如发生干旱应及时灌水,灌浆期如发生干旱应隔垅轻灌。

(五)病虫害防治

遵循"预防为主,综合防治"的方针和"绿色植保"理念,以规范管理的预防措施为主,采用综合防控技术,使用农药应符合《绿色食品农药使用规则》(NY/T393—2000)。

1. 谷瘟病

发病初期用40%克瘟散乳油500~800倍液喷雾,每亩用量75~100千克。或用春雷霉素80万单位喷雾,每亩用75~100千克。

2. 纹枯病

同谷瘟病。

3. 白发病

用35%的甲霜灵(瑞毒霉)可湿性粉剂按种子重量的0.3%拌种。

4. 黏虫

用高效、低毒、低残留的菊酯类农药,兑水常规喷雾。

5. 玉米螟

播种后1个月左右(孕穗初期)用高效、低毒、低残的菊酯类农药,兑水常规喷雾。

6. 地下害虫防治

用50%辛硫磷乳油按种子量0.2%用量拌种或浸种。或用50%辛硫磷乳油按1升加75千克麦麸(或煮半熟的玉米面)的比例,拌匀后焖5小时,晾晒干,播种时施入播种沟内。

七、收获贮藏

一般在蜡熟末期或完熟期进行收获,此时种子含水量20%左右,谷粒全部变黄、硬化,应及时收割、晾晒,风干后脱粒。大片地块推荐使用谷子联合收割机收获。脱粒后及时晾晒,当籽粒含水量降至 13% 以下时方可入库贮藏。仓库需有良好的防湿、隔热、通风、密闭性能,可防腐变、虫蛀和污染。尽量保持稳定的低温、干燥的环境条件,门窗防止鸟、鼠、虫入内。

第四节　谷子轻简化栽培技术

谷子轻简化栽培技术是集推广优质高产谷子新品种、谷子化控间苗技术、谷子宽窄行种植技术、有机无机施肥技术、现代控害技术等为一体,对谷子间苗、中耕、控害、收获、脱粒等环节省工省力、节本增效的一种栽培技术方法。主要技术要点如下:

一、播前准备

(一)选地

选择地势平坦、无涝洼、无污染、有灌溉条件且适合规模化生产的地块。

(二)整地

1. 春播

播前使用机械翻耕土地,耕深 25～30 厘米,结合翻地每亩施用农家肥 1 500 千克以上或每亩施用氮磷钾复合肥 30 千克做底肥,达到无大土块和残茬,表土疏松,地面平整。

2. 夏播

夏播谷子前茬一般为小麦,可采用免耕残茬覆盖或灭茬作业。采用免耕残茬覆盖:小麦收获时,采用带秸秆切碎的联合收获机,麦茬高度应控制在 15 厘米以内,粉碎并抛撒均匀。采用灭茬作业:先用秸秆还田机切碎秸秆,再用圆盘耙、旋耕机等机具耙地或旋耕,表土处理不低于 8 厘米,将小麦残茬切碎,并与土壤混合均匀,尽量做到地面平坦,上虚下实,无坷垃,无根茬,减少表层盐分聚集的危害。在耕耙之前每亩施用农家肥 1 500 千克以上或施用氮磷钾复合肥 30 千克做底肥。推荐适墒贴茬播种。

二、品种选择及处理

(一)品种选择

选择适合当地生产条件的优质、高产、抗倒伏、抗病性强、株高中矮的谷子品种。如济谷 20、21、19 及冀谷 39 和豫谷 18 等。

(二)种子处理

播前精选种子,确保种子纯度≥97%,发芽率≥85%,发芽势强,籽粒饱满均匀。种子用辛硫磷闷种防治地下害虫,用甲霜灵等拌种防治谷子白发病等。

三、机械精播

(一)播期

春播谷子可在 5 月上旬之后播种,夏播在麦收后抢时播种,尽量争取 6 月底前完成。

(二)机械播种与播量

采用谷子精量播种机精量播种,播种行距一般为 50 厘米,播种深度 2～3 厘米。墒情适宜、土壤平整地块,精量播种每亩 0.3～0.4 千克即可。墒情较差时,播量可加大至 0.5 千克。夏播谷子播量加大,根据土壤质地和墒情的不同,每亩播量 0.5～0.6 千克。精量播种机可一次性完成施肥、播种、镇压等多道工序,并且出苗均匀,密度适宜,免去后期人工间定苗。

四、田间管理

(一)机械喷施除草剂

一般谷子品种采用"谷友",抗拿捕净除草剂品种可以联合使用"谷友"和"拿扑净"。"谷友"为苗前除草剂,对单、双子叶杂草均有效,每亩适宜剂量 100～120 克,兑水 50 千克,采用机械喷药机于谷子播后苗前均匀喷施于地表,地面湿润要降低用量;"拿扑净"对单子叶杂草(尖叶杂草)除草效果好,但对双子叶杂草(阔叶杂草)无效,最佳使用时期为谷苗 4～5 叶期喷施,每亩用量为 80～100 毫升,兑水 30～40 千克。

（二）机械中耕

封垄前采用中耕施肥机进行中耕1～2次。孕穗期结合中耕每亩追施氮肥5～7.5千克,追施深度6～8厘米。

（三）机械化防治病虫害

1.谷瘟病

发病初期用40％克瘟散乳油500～800倍液喷雾,每亩用75～100千克。或用春雷霉素80万单位喷雾,每亩用75～100千克。

2.黏虫

用高效、低毒、低残留的菊酯类农药,兑水常规喷雾。

3.玉米螟

播种后1个月左右（孕穗初期）用高效、低毒、低残的菊酯类农药,兑水常规喷雾。

五、机械收获

谷子成熟时可用谷子专用联合收割机或调整筛网的约翰迪尔—70（或80）或常发CF—450小麦联合收割机收获。一次性完成收割、脱粒、灭茬等流程。

第五节　谷子品种简介

一、济谷20

特征特性:粮用常规品种。幼苗绿色,幼苗叶姿半上冲,植株叶姿半上冲,花药黄色,单株成穗茎数1个。生育期92天,株高127.37厘米。在亩留苗4万株的情况下,成穗率92.62％;棍棒穗,穗子密;穗长19.81厘米,穗粗2.11厘米,单穗重15.63克,穗粒重13.12克,千粒重2.68克;出谷率82.45％,出米率81.76％;黄谷黄米。粗蛋白含量10.9％,粗脂肪含量4.7％,总淀粉含量69％,支链淀粉含量51.2％,赖氨酸含量0.25％。抗谷瘟病、白发病,中抗谷锈病,蛀茎率1.90％。第一生长周期亩产381.7千克,比对照豫谷18增产8.79％;第二生长周期亩产385.7千克,比对照豫谷18增产8.35％。

适宜种植区域及季节:适宜在山东、河南、河北两作制夏谷区、丘陵山区、春谷区种植。

注意事项:注意防治褐条病、谷锈病。种植密度不宜超过 4.5 万株/亩,后期追施氮肥不宜过多,防止倒伏。个别年份,受气候影响棍棒穗型会变化为纺锤形。

二、济谷 21

特征特性:粮用常规品种。幼苗绿色,幼苗叶姿半上冲,植株叶姿下披,花药白色,单株成穗茎数 1 个。生育期 95 天,株高 126.85 厘米。在亩留苗 4 万株的情况下,成穗率 89.62%;纺锤穗,穗子密;穗长 21.45 厘米,穗粗 2.15 厘米,单穗重 15.46 克,穗粒重 12.34 克,千粒重 2.74 克,出谷率 82.81%,出米率 80.69%;黄谷黄米;籽粒胚乳类型为粳。熟相较好。粗蛋白含量 11.2%,粗脂肪含量 3.1%,总淀粉含量 69.7%,支链淀粉含量 52.2%,赖氨酸含量 0.25%。中抗谷瘟病,中抗谷锈病,抗白发病,蛀茎率 1.96%。第一生长周期亩产 361.6 千克,比对照豫谷 18 增产 3.07%;第二生长周期亩产 362.6 千克,比对照豫谷 18 增产 1.87%。

适宜区域:适宜在山东、河北、河南两作制夏谷区、丘陵山区、春谷区种植。

注意事项:注意防治谷瘟病和黏虫。种植密度不宜超过 4.5 万株/亩,后期追施氮肥不宜过多,防止倒伏。

三、济谷 19

特征特性:粮用常规品种。幼苗绿色,生育期 93 天,株高 127.40 厘米。在亩留苗 4 万株的情况下,成穗率 94.65%;纺锤穗,穗子紧;穗长 20.58 厘米,单穗重 16.39 克,穗粒重 13.68 克,千粒重 2.80 克,出谷率 80.97%,出米率 77.26%;黄谷黄米。熟相一般。粗蛋白含量 10.7%,粗脂肪含量 3.7%,总淀粉含量 71.2%,支链淀粉含量 53.4%,赖氨酸含量 0.25%。抗谷瘟病、谷锈病,中抗白发病,蛀茎率 0.30%。第一生长周期亩产 413.5 千克,比对照冀谷 19 增产 11.31%;第二生长周期亩产 383.2 千克,比对照冀谷 19 增产 16.51%。

适宜种植区域及季节:适宜在山东、河南、河北两作制夏谷区、春谷区种植。

注意事项:春播条件下注意防治白发病。种植密度不宜大,不宜超过 4.5 万株/亩,后期追施氮肥不宜过多,防止倒伏。

四、济谷 16

特征特性：粮用常规品种。幼苗绿色，生育期 87 天，株高 122 厘米。在亩留苗 4 万株的情况下，成穗率 92.5%；纺锤穗，穗较紧；穗长 20.1 厘米，单穗重 14.01 克，穗粒重 11.94 克，千粒重 2.75 克；出谷率 85.3%，出米率 79.8%；黄谷黄米。为抗拿捕净除草剂品种。粗蛋白含量 10.3%，粗脂肪含量 3.8%，总淀粉含量 70.1%，支链淀粉含量 52.2%，赖氨酸含量 0.28%。抗谷瘟病、谷锈病，中抗白发病，田间调查蛀茎率 1.59%。第一生长周期亩产 312 千克，比对照冀谷 19 增产 4.70%；第二生长周期亩产 320.2 千克，比对照冀谷 19 增产 7.45%。

适宜种植区域及季节：适宜在山东、河南、河北两作制夏谷区、丘陵山区、春谷区种植。

注意事项：孕穗期注意防治黏虫。春播条件下注意防治白发病。

五、冀谷 41（中早熟）

冀谷 41 是采用杂交方法选育的中矮秆、适应性广的抗除草剂谷子新品种。2016 年同时参加全国谷子新品种联合鉴定华北夏谷组和东北春谷组试验，均表现良好。

品种特征特性：幼苗绿色，在华北两作制地区夏播生育期 86 天，在东北地区春播 110～122 天，属于中早熟类型；夏播株高 105 厘米左右，春播株高 120 厘米左右，属于中矮秆类型。纺锤穗，穗子松紧适中；穗长 20～30 厘米，千粒重 2.92 克；自然鉴定一级抗旱，抗谷瘟病、白发病，中感谷锈病。黄谷黄米，适口性较好。

适宜种植区域：河北、河南、山东、山西南部夏谷区及北京、河北省东部、山西省中部、辽宁省沈阳以南大部分地区、吉林省大部分平原区、陕西省大部分地区春谷区。该品种属于中早熟、中矮秆类型，可与幼林间作，在华北两作制地区可在油葵收获后种植。

注意事项：本品种指定使用的烯禾啶为本品专用除草剂，严禁用于其他谷田，同时严禁将其他除草剂用于本品种，否则会造成田间绝收。在有效积温不足 2 750 ℃或者海拔 500 米以上地区慎用。在谷锈病严重发生区域慎用。本品使用精甲霜灵包衣，低毒，不可食用。

六、冀谷 39

冀谷 39 是河北省农科院谷子研究所采用杂交方法最新选育的优质抗咪唑啉酮类兼抗烟嘧磺隆除草剂谷子新品种,2015 年 12 月通过河北省鉴定,2016 年参加全国谷子新品种联合鉴定东北组试验,表现良好。该品种在 2016 年授权河北东昌种业有限公司独家生产经营。

特征特性:幼苗绿色,在华北两作制地区夏播生育期 93 天,株高 120 厘米,穗长 17.8 厘米,单穗重 18.05 克,穗粒重 15.86 克,千粒重 3.08 克;在辽宁吉林春播生育期 115~125 天。区域试验自然鉴定,一级抗旱,抗谷瘟病、纹枯病,中抗谷锈病、白发病。米色金黄,适口性好,商品性显著优于一般夏谷品种。

产量表现:2014－2015 年参加华北夏播谷子新品种联合鉴定试验,平均每公顷产量 5 806.5 千克,较对照冀谷 31 增产 9.37％,生产试验平均每公顷产量 6 291 千克,较对照冀谷 31 增产 10.06％。2015 年在河北省农科院谷子研究所新品种对比试验中,平均每公顷产量 6 475.5 千克,较不抗除草剂的高产,对照豫谷 18 增产 7.9％。2016 年参加全国谷子新品种区域适应性联合鉴定东北组试验,四省区 11 个试验点 7 个试验点表现增产,11 个试验点平均每公顷产量 5 401 千克,较不抗除草剂的高产,对照九谷 11 号相当,其中在吉林省 5 个试验点和邻近的内蒙古通辽试验点平均每公顷产量 5 220 千克,较对照九谷 11 号增产 1.4％。

适宜种植区域:河北、河南、山东、山西南部夏谷区及北京、河北省东部、山西省中部、辽宁省沈阳以南、吉林省大部分平原区春谷区。

注意事项:1.5％咪唑乙烟酸,为本品专用间苗、除草剂,严禁用于其他谷田,同时严禁将其他除草剂用于本品种,否则会造成田间绝收。在有效积温不足2 800 ℃或者海拔 500 米以上地区慎用。在谷锈病严重发生区域慎用。

七、冀谷 42

冀谷 42 是采用杂交方法选育的抗烯禾啶谷子优良新品种,黄谷黄米,采用专利技术(专利号:ZL200410058088.9)可以通过喷洒除草剂进行间苗、除草,栽培省时省工。

特征特性:在华北两作制地区夏播生育期 88 天,平均株高 140.15 厘米。在亩留苗 4 万株的情况下,成穗率 81.5％;纺锤穗,穗松紧适中;穗长 17.30 厘米,单穗重 22.15 克,穗粒重 17.88 克,千粒重 1.47 克;出谷率 80.75％,熟相好。

黄谷黄米,米色鲜黄,商品性好。

产量表现:2015—2016 年在华北夏谷区、西北东北春谷区参加多点鉴定,综合性状优良。其中,华北区多点鉴定 2015 年平均每公顷产量 5 752.5 千克,较对照豫谷 18 增产 7.7%;2016 年平均每公顷产量 5 661 千克,较对照增产 5.7%。

适宜种植区域:建议在河北、河南、山东等地夏播,辽宁、吉林、内蒙古、山西、陕西等有效积温 2 750 ℃以上地区春播。

注意事项:本品种指定使用的烯禾啶为本品专用除草剂,严禁用于其他谷田,同时严禁将其他除草剂用于本品种,否则会造成田间绝收。在有效积温不足 2 750 ℃或者海拔 500 米以上地区慎用。

第四章 高粱及绿色高效生产技术

高粱属禾本科一年生草本植物。秆较粗壮,直立,基部节上具支撑根。叶鞘无毛或稍有白粉;叶舌硬膜质,先端圆,边缘有纤毛。圆锥花序疏松,主轴裸露,总梗直立或微弯曲;雄蕊3枚,花药长约3毫米;子房倒卵形;花柱分离,柱头帚状。颖果两面平凸,淡红色至红棕色,熟时宽2.5~3毫米,顶端微外露。有柄小穗的柄长约2.5毫米,小穗线形至披针形。高粱喜温、喜光,并有一定的耐高温特性。高粱在南北各省区都有种植,但主要分布在东北、华北、西北、西南和黄淮海地区。

20世纪50年代初,我国高粱播种面积6 667万公顷左右。随着农业生产条件逐步改善,大面积盐碱、涝洼地得到改良,小麦和玉米等作物面积不断增加,致使高粱播种面积不断减少,但随着高粱改良品种和杂交种的迅速推广及栽培技术的不断改进,单产水平不断提高。高粱作为东营市主要杂粮作物之一,播种面积从几千亩至几万亩不等,据不完全统计,2018年高粱种植面积再创新高,种植面积近6万亩,产量近2万吨。近年来,受区域农业结构调整和杂粮市场需求等方面的影响,辖区内杂粮种植势头出现回暖,高粱的用途发生了明显变化,高粱籽粒由以食用为主向食用、酿造、饲用等专用型方向发展。

第一节 高粱的营养成分及用途

一、高粱的营养成分

(一)籽粒的营养成分

高粱籽粒含有丰富的营养,其中主要有淀粉、糖类、脂肪、蛋白质、氨基酸、维生素和矿物质等。高粱淀粉是高粱籽粒的主要成分,一般含量可达50%~70%,高者可达70%以上。高粱籽粒的淀粉可分为直链淀粉和支链淀粉两种类型,其含量因品种而异。一般粒用高粱品种的直链淀粉含量为23%~28%,支链淀粉含量为72%～77%。糖分多少因类型和品种而不同。甜高粱的含糖量最高。一般籽粒成熟后,每1克籽粒中约含有0.25毫克的糖分。脂肪含量一般为1.8%～5.33%。蛋白质含量为7%～12%。单宁,又称鞣酸,是高粱籽粒的重要成分,含量为0.027%～0.96%,粒中单宁含量超过0.5%会严重影响食用和饲用价值,低于0.1%则影响不大。

高粱籽粒加工后成为高粱米,在中国、朝鲜、俄罗斯、印度及非洲等地皆为食粮。除食用外,高粱可制淀粉、制糖、酿酒和制酒精等。高粱米中的蛋白质以醇溶性蛋白质为多,色氨酸、赖氨酸等人体必需的氨基酸较少,是一种不完全的蛋白质,人体不易吸收。如将高粱与其他粮食混合食用,则可提高营养价值。高粱米含的矿物质中钙、磷含量与玉米相当,磷约40%～70%,维生素中B_1、B_6含量与玉米相同,泛酸、烟酸、生物素含量多于玉米,但烟酸和生物素的利用率低。高粱米中脂肪含量约3%,略低于玉米,脂肪酸中饱和脂肪酸也略高,亚油酸含量较玉米稍低,加工的副产品中粗脂肪含量较高,籽粒中粗脂肪的含量较少,仅为3.6%左右。

(二)茎叶的营养成分

主要是蛋白质、氨基酸、木质素、纤维素、糖分、矿物质等。

普通高粱茎秆中含有4%～10%的粗蛋白质,叶子里含有9%～12%粗蛋白质。一般风干的普通高粱秆中蛋白质含量较燕麦秆高0.8%,较干杂草高1.5%。茎秆中含有10种氨基酸,其含量比小麦秆(抽穗前)含量高出很多。成熟后茎秆中纤维素含量达43%以上,木质素含量达22.8%。普通高粱茎秆中含有3%左右的糖分。而甜高粱品种中含有蔗糖10%～14%,还原糖2%～5%。其榨汁澄清液中不仅含有较高的糖分,还含有丰富的氨基酸。甜高粱茎秆汁液中还含有钾、钠、磷、铁、锰、镁、钙等矿物质。

二、高粱的用途

(一)食用

高粱食用品质要求是在推广杂交高粱以后提出的问题,而且不同时期有不同的要求。1995年对粒用高粱品质的要求是其蛋白质含量为10%,赖氨酸含量达到0.25%以上,单宁含量达到0.1%以下。此外,粒用高粱还要求角质率60%～80%,出米率80%以上。

(二)酿造

用作酿造的高粱,对籽粒品质有不同的要求,据中国农业科学院原子能利用研究所调查结果,酿造清香型和大路型白酒的厂家要求籽粒淀粉含量高即可;而酿造香型和浓香型酒的厂家,除要求籽粒淀粉含量高以外,更倾向于支链淀粉比例高的糯质高粱。无论是哪一种类型的酒,都要求专用高粱杂交种淀粉含量在70%以上。

(三)饲用

一般对饲用甜高粱营养品质的要求为,榨汁率达到60%,鲜茎秆含糖量达到13%以上,蛋白质占干重的6%以上,茎秆中氢酸含量在300毫克/千克以下。

(四)其他用途

一般帚用高粱株高150~300厘米,茎秆直径1.0~1.2厘米,茎秆坚韧,无甜味。帚长度在40~45厘米,帚韧性强,柄长30~40厘米。帚下垂,粒大,品质好。

第二节　盐碱地粒用高粱高产栽培技术

高粱是中美贸易中仅次于大豆的农产品,进口依存度57%,闻名中外的茅台、五粮液、泸州老窖、汾酒,都以黏质高粱为主要原料。近年来,一些矮秆密植型、农艺性状好的品种,株型紧凑,抗倒伏能力较强,淀粉含量较高,约70%,在滨海盐碱地地区发展势头较好。主要技术要点如下:

一、选地

选择地势平坦、排灌方便、耕层深厚、无长残效除草剂残留的土地。深松土壤30厘米以上,土壤含盐量在1‰以下。

二、压碱

如果在播前没有足够的降雨,耕作层含盐量高的条件下,先播前大水压盐,造墒播种。既降低土壤含盐量,又增加底墒,对保证苗全苗壮具有重要作用。一般在播种前7到10天,地温升至15℃左右时进行。

三、施基肥

亩施农家肥 3 000～5 000 千克,或施商品有机肥 100～150 千克(有机质含量＞30％),同时配合施用磷酸二铵 20 千克,结合耕地深翻入土。

四、整地

将土地翻耕耙平,整地要达到齐、平、松、碎、净、墒,地温回升至 15 ℃以上时耕地,保墒效果更好。

五、播种

当地多选用"红缨子""济粱 1 号"等优质糯性品种,播期一般在每年 4 月 20 日以后,最晚不迟于 6 月 20 日,播种晚,易影响籽粒成熟,造成产量下降,含糖量降低。播种前种子可用 50 倍甲胺磷拌种。行距 40～50 厘米,播量 1～1.2 千克/亩,播深 3～5 厘米,播后需立即镇压。

可以选用 60％ 吡虫啉、6％ 戊唑醇,也可选用 70％ 锐胜、2.5％ 适乐时进行种子包衣处理,可有效防治地下害虫及多种土传病害,有助于提升秧苗素质。

六、田间管理

(一)间苗、定苗

3～4 叶时间苗,6～8 叶时定苗,株距为 15～20 厘米。密度为 6 000～8 000 株/亩。

(二)追肥

追肥以氮磷钾复合肥为主。在拔节期株高小于 80 厘米时追施,可亩施磷酸二铵 10 千克,氮磷钾复合肥 20 千克。抽穗前或抽穗期可喷湿硫酸钾等叶面肥。

(三)病虫草害防治

禁止施用有机磷农药和未经筛选试验的除草剂,药肥混用应先做混配及药效试验;采用"预防为主,综合防治"的措施;大面积防治应确定合理的防治时间,可选用植保无人机进行防控。

1. 苗期除草及前茬再生控制

大多数化学除草剂不能直接应用在高粱上。高粱出苗后 5 叶期、杂草 2～4

叶期,可选用高粱苗后除草剂莠去津、氯氟吡氧乙酸、二氯喹啉酸进行苗后除草,莠去津对后茬作物有残留药害,在使用时要掌握好用药量,不能用药过多。前茬作物小麦收割时应注意减少落粒,可用深松深翻等措施来进行处理。盐碱地中多盐地碱蓬、芦苇、屈屈菜等杂草,在出苗到拔节期间,应进行人工除草或除草剂除草。

2. 病虫害防治

苗期(5~7 叶期)主要防治小地老虎、蚜虫、青虫、立枯、苗枯、斑病等和降雨量过大造成的生理性苗枯立枯病等,可选用三唑类、烟碱类、菊酯类杀虫杀菌剂吡虫啉、敌杀死、戊唑醇等进行防治,也可加入促根壮苗的高钾叶面肥配合施用。

拔节孕穗期主要防治螟虫、蚜虫、青虫、斑病、顶腐病、炭疽病等,可选用三唑类、烟碱类、菊酯类杀虫杀菌剂苏云金杆菌、阿维菌素、高氯甲维盐等进行防治,可加入补充氮磷钾及微量元素的叶面肥配合使用。

抽穗初期至扬花末或灌浆初期是病虫害发生最严重、对产量威胁最大的时期,主要防治玉米螟、蚜虫、青虫、造桥虫、炭疽病及穗上病害,可选用三唑类、烟碱类、菊酯类高效触杀及内吸杀虫杀菌剂康宽、爱苗、溴氰菊酯等进行 1~2 次防治,可增加壮粒、转色的高氮、高钾及微量元素的叶面肥配合施用。

七、收获

一般在籽粒变硬、叶片变黄,穗粒 3/4 成熟发红后收获,收获后需烘干或晾晒 2~3 天。收获原则宜早不宜迟,适时抢收。晾晒或烘干、精选,水分应控制在 13.5% 以内,杂质或混杂控制在 1% 以内。一般采用大型改装高粱专用割台及筛子的轮式玉米收割机,对风损、破损、杂质等有良好的控制作用。高粱的适口性好,要注意防止鸟害。

第三节　盐碱地饲用甜高粱高产栽培技术

甜高粱是粒用高粱的一个变种,属禾本科一年生草本植物,具有产量高、抗旱能力强、抗病性好、耐涝、耐盐碱等特点,是一种糖料作物,也是优良的饲料作物和能源作物。作为饲料作物,具有产草量大、草质优良、适口性好的特点,属于一种优质牧草。

一、品种选择

甜高粱品种有杂交种和常规种,在栽培中要根据土质、光照、无霜期长短选择品种。东营市无霜期约 206 天,进行品种选择要选择时生育期在无霜期范围内的品种,当地主栽品种包括海丰、大卡、大力士等。

二、选地、整地、施肥

甜高粱耐旱、耐涝、耐盐碱,适应性很广,对土质要求不严,在 pH 为 5.0～8.5 的土壤中均能生长,但由于甜高粱种子较小,顶土能力较弱,因此,整地质量要求深、平、细、碎,以保障出苗。同时,要深施底肥、有机肥或农家肥与化肥配合施用;亩施农家肥 3 000～5 000 千克,或施商品有机肥 100～150 千克(有机质含量＞30％),磷酸二铵 20 千克。

三、播种

播期一般在 5 月 5 日至 6 月 10 日,土壤温度回升至 15℃时播种较为适宜。播种不宜过早,播种过早土温低,种子在土壤中滞留的时间过长,容易粉种;播种过晚,产量低。播种深度 3～5 厘米,行距 40～50 厘米,播种量约 1 千克/亩。

中晚熟优质高产品种有大力士、绿巨人、牛魔王、百甜 9006、百甜 0018 等。优质品种一般饲草产量在 90 吨/公顷以上。

四、田间管理

(一)定苗

出苗后展开 3～4 叶时进行间苗,6～8 叶期进行定苗,要求留健壮大苗,株距 15～20 厘米。及时间苗、定苗,可以减少水分、养分消耗,促进幼苗稳健生长。

(二)除草

播前、播后都可以采用化学除草方法,可选用阿特拉津,按说明兑水喷雾。生长期也可结合中耕进行人工除草。

(三)追肥

追肥以氮磷钾复合肥为主。在拔节期株高小于 80 厘米时追施,可亩施磷酸二铵 10 千克,氮磷钾复合肥 20 千克。

(四)病虫害防治

甜高粱抗病性较强,但抗虫性差,在玉米上发生的病虫害都可能在甜高粱上发生,如蚜虫、玉米螟等,要及时防治。蚜虫可选择溴氰菊酯、氯氰菊酯、速灭杀丁等。玉米螟可用杀螟灵 1 号颗粒剂防治,最好采用生物防治。

(五)收割

立秋后糖分开始累积,到灌浆结束籽粒达到蜡熟期后,糖分积累达到最大,以后就是籽粒的完熟期,秸秆含糖量基本不变,一般在抽雄后 60 天即可收获。

第四节　盐碱地高粱轻简化栽培技术

盐碱地高粱轻简化栽培技术是采用农机、农艺相融合的方法,努力实现精量播种免定苗、化学除草免间苗、机械收获免人工,推动高粱生产的全程机械化,能有效提高高粱产量、品质、防治病虫害发生,节本增效显著,对开发利用盐碱荒地,推进黄河三角洲地区农业的可持续发展,实现经济效益、生态效益和社会效益的统一,调整优化种植业结构和满足畜牧业对优质饲料的需求,提高高粱种植效益,具有重要的现实意义。主要技术要点如下:

一、播前整地

前茬作物收获后及时进行秋深耕,耕翻深度 25～30 厘米。重度盐碱地可结合秋耕施以腐殖酸、含硫化合物和微量元素为主的土壤改良剂 100～150 千克。秋耕后冬先灌或春天大水漫灌一次,一般盐碱地每亩灌溉量 60～80 立方米,重盐碱地每亩灌溉量 80～100 立方米。每亩地施土杂肥 1 000～1 500 千克,或复合肥 35～40 千克。然后旋耕 1～2 遍,使土肥混合,耙压保墒,做到地面平整,无秸秆杂草。

二、品种选择

根据当地生态类型和气候条件因地制宜,选择优质高产、抗逆性强、熟期适宜的优质品种,如吉杂 123、龙杂 11、济粱 1 号和济甜杂 2 号。

三、精量播种

依据地温和土壤墒情确定播期,一般 10 厘米耕层地温稳定在 10～12 ℃,土壤含水量在 15％～20％ 为宜。采用可一次性完成开沟、播种、覆土、镇压等工序的精量播种机,重度盐碱地可用覆膜播种机播种,出苗后破膜放苗。一般盐碱地播种量 0.3～0.5 千克/亩,行距 50～60 厘米,重度盐碱地播量适当加大。播种深度一般为 3～5 厘米,做到深浅一致,覆土均匀。

四、化学除草

高粱使用除草剂提倡在出苗前进行,一般不宜在苗期喷除草剂。亩喷施 38％ 莠去津水胶悬剂 180 毫升;或每亩用 72％ 都尔乳油 100～150 毫升;或用 75 毫升都尔乳油,加 38％ 莠去津水胶悬剂 100 毫升,兑水喷洒土表,机械喷雾每亩 15 升以上。

五、田间管理

早熟、矮秆、叶窄的品种适宜每亩保苗 8 000～10 000 株,晚熟、高秆、叶宽大的品种适宜每亩保苗 5 000～6 000 株,甜高粱每亩保苗 5 000 株/亩以上。出苗后要进行浅中耕,以便松土保墒。拔节期的幼穗分化阶段,结合中耕培土进行追肥,施用尿素 10 千克。高粱耐旱,苗期需水不多,必要时可先灌水补墒后播种。拔节孕穗、乳熟期缺水对产量影响很大,有条件地区应及时灌水。多雨季节应及时排水防涝。

六、病虫防治

(一)高粱蚜

用 10％ 吡虫啉乳油 1 000 倍液或 2.5％ 溴氰菊酯乳油 3 000～5 000 倍液喷雾防治。

(二)黏虫

用 0.04％ 二氯苯醚菊酯(除虫精)粉剂喷粉,用量每 2～2.5 千克/亩;或用 20％ 杀灭菊酯乳油 15～45 毫升/亩,兑水 50 千克喷雾。

(三)玉米螟

在高粱生长季释放赤眼蜂 2～3 次,玉米螟产卵初期田间百株高粱上玉米螟虫卵块达 2～3 块时进行第一次放蜂,第一次放蜂后 5～7 天进行第二次放蜂,一般每次放蜂 2 万头/亩。

（四）桃蚜螟

用 40％乐果乳油 1 200～1 500 倍液，或 2.5％溴氰菊酯乳油 3 000 倍液等喷雾。

七、机械收获

粒用高粱在籽粒达到完熟期，籽粒含水量下降到 20％左右时，用高粱籽粒收获机进行机械化收获，没有专用高粱籽粒收获机械时，可以用小麦收获机或大豆收获机改造收获。甜高粱籽粒蜡熟期是茎秆中糖分含量最高的时期，应及时收获，延迟收获，茎秆中的糖分开始下降。作为青贮饲料使用时可用专用青贮收获机在乳熟末期后开始收获。

第五节　高粱品种介绍

一、优质高粱杂交种

（一）济梁 1 号

特征特性：杂交种，粮用、酿造。在山东春播生育期 117 天，夏播生育期 105 天，幼苗绿色，根系发达，株型紧凑，株高 130 厘米左右，适于机械化收获。穗纺锤形，穗型中散，穗长 36.2 厘米，穗粒重 56.1 克，千粒重 25.5 克，角质率低，褐壳红粒，着壳率中等。籽粒总淀粉含量 71.4％，蛋白质含量 8.33％，抗倒伏、抗蚜虫、耐盐碱。粗蛋白含量 8.33％，粗淀粉含量 71.4％，单宁含量 0.32％，赖氨酸含量 0.24％，总淀粉含量 71.4％，支链淀粉含量 69％，粗脂肪含量 71.4％，单宁含量 0.32％。感病丝黑穗病，一级叶部病害，抗蚜虫。第一生长周期亩产 498.3千克，比对照抗四增产 9.19％；第二生长周期亩产 473.2 千克，比对照抗四增产6.85％。

栽培技术要点：第一，整地，播前造墒，旋耕耙平待播。第二，施肥，为保增产应注意施基肥，基肥以有机肥为主，适量施用复合肥。土杂肥每亩应施用 1 方以上，或优质鸡粪 300 千克以上，复合肥每亩不低于 25 千克。拔节期追施尿素 10千克/亩。第三，播种方法，春播要求 5～10 厘米土层，温度稳定在 10～12 ℃，山东省 4 月中下旬到 5 月上旬播种，夏直播应在麦收后抢茬早播。机播一般行距50～60 厘米，种子用量为 0.5～1 千克。播深 2～3 厘米，播后镇压处理。第四，田间管理,适宜留苗密度 8 000～9 000 株/亩,4～6 叶期间苗定苗,苗期注意中耕除草,抽穗后注意防治各种病虫害。

适宜种植区域及季节:适宜在山东春播和夏播种植。

注意事项:为杂交一代种子,不可繁殖留种。高粱对除草剂敏感,应使用高粱专用除草剂,并严格按说明书使用。不抗丝黑穗病用,可用 2% 戊唑醇可湿性粉剂 2 克兑水 1 000 毫升,拌种 10 千克,风干后播种;或用 2.5% 烯唑醇可湿性粉剂,以种子重量的 0.2% 拌种。

(二)辽杂 1 号

特征特性:由辽宁省农业科学院高粱研究所选育,组合为 TX622A×晋辐 1 号。生育期 125 天,属中早熟种。

适宜种植区域及季节:该品种适应性广,抗丝黑穗病菌 2 号生理小种。株高 208 厘米,穗粒重 110 克,千粒重 27～35 克,壳黑色,籽粒浅橙色,穗中散,长纺锤形。籽粒含蛋白质 8.47%、赖氨酸占蛋白质 3.3%、单宁 0.116%,出米率 80% 以上,米质优,口感好。

栽培技术要点:种植密度每亩留苗 5 500～6 500 株。

(三)沈杂 5 号

特征特性:由沈阳市农业科学院选育,组合为 TX622A×0～30。生育期 118 天,属中熟种。株高 200 厘米,穗中紧,长纺锤形,穗长 30.3 厘米,壳红色,籽粒浅黄色,千粒重 30.6 克,穗粒重 93.1 克。籽粒蛋白质含量 7.26%。高抗丝黑穗病,较抗倒伏,不早衰,叶病较重,玉米螟发生较重。

栽培技术要点:种植密度一般每亩留苗 6 000 株。

(四)晋杂 12

特征特性:由山西省农业科学院高粱研究所选育,组合为 A2V4A×1383-2。生育期 123 天,属中早熟种。叶鞘粉色,叶片浓绿、半披。株高 200 厘米。穗长 30 厘米,穗呈纺锤形。穗形紧密,二三级分枝多。红壳红粒,穗粒重 108 千克,千粒重 31 克左右。籽粒含粗蛋白 8.81%、赖氨酸 0.52%、粗脂肪 3.95%、粗淀粉 70.75%、单宁 0.64%。中熟,生育期 123 天左右,幼芽顶土力强,整个生育期生长旺盛,根系发达,抗旱能力强,高抗丝黑穗病。籽粒成熟后,茎叶嫩绿。

栽培技术要点:合理密植;水肥地注意蹲苗,浇水。

适宜区域:无霜期 150 天以上的一般水肥地和肥旱地。

二、酿造专用高粱品种

(一)红缨子

特征特性:全生育期131天左右。属糯性中秆中熟常规品种。叶色浓绿,颖壳红色,叶宽7.3厘米左右,总叶数13叶,散穗型;株高245厘米左右,穗长37厘米左右,穗粒数约2 800个;籽粒红褐色,易脱粒,千粒重20克左右。单宁含量1.61%,总淀粉含量83.4%,支链淀粉含量占总淀粉含量的80.29%,糯性好,种皮厚,耐蒸煮。

适宜种植时间:3月下旬~4月下旬。

栽培技术要点:每亩大田用种量0.5千克,行距50~66.7厘米,穴距26.7~33.3厘米,密度每亩种植6 000~10 000株,土壤肥力高的应适当稀植,土壤肥力低的要适当密植。底肥每亩用农家肥1 000千克,追肥用清粪或沼液1 500千克。

(二)红茅6号

特征特性:属于中晚熟品种,从出苗到成熟126天左右,有效活动积温2 700 ℃左右,幼苗绿色,株高170厘米左右。整齐度好,穗长20~25厘米,纺锤形,中紧穗,千粒重19克,籽粒红色,红壳圆粒,一致性好,成熟不落粒,脱壳好,不留尾。植株繁茂,生长健壮,分蘖成穗率高,叶片深绿色,活秆成熟,不倒伏,抗旱耐涝,高抗叶部病害和黑穗病,抗蚜虫和高粱螟虫,适于机械化收获。红茅6号种皮厚,硬度高,玻璃质含量高,糯性好,耐蒸煮,耐翻造,出酒率高。籽粒粗淀粉含量76.62%,粗蛋白含量8.75%,粗脂肪含量4.12%,单宁含量1.56%,氨基酸含量9.77%,是酿造高端白酒和制造性食品的理想原料。

(三)晋杂37

特征特性:生育期129天左右。幼苗绿色,叶绿色,叶脉白色,株高163.2厘米,穗长26.7厘米,穗纺锤形,穗型中紧,穗粒重104.7克,千粒重24.2克,籽粒扁圆形,红壳红粒。粗蛋白含量(干基)8.83%,粗脂肪含量(干基)3.85%,粗淀粉(干基)含量74.9%,单宁(干基)含量1.5%。2013—2014年参加山西省高粱早熟区域试验,两年平均亩产560.8千克。

栽培技术要点:播前施足农家肥,亩施复合肥50千克左右,尿素15千克;地温10 ℃以上时播种,播种后出苗前喷施高粱专用除草剂,亩播量1.5千克,出苗后及时间苗、定苗,亩留苗 7 000~8 000 株;拔节至抽穗期,亩追施尿素 15 千克;后期注意防治蚜虫。

(四)晋杂 41

特征特性:杂交种,酿造。生育期 127 天,比对照品种晚 6 天,田间生长较整齐,生长势较强,株高 145.3 厘米,穗长 26 厘米,穗筒形,穗子较紧,黑壳红粒,穗粒重 90.1 克,千粒重 24.4 克,粒形扁圆。抗旱性、耐瘠薄性强,适应性广。总淀粉含量72.36%,粗脂肪含量 72.36%,单宁含量 1.44%。感丝黑穗病,叶部无明显病害,抗虫性中抗。

栽培技术要点:地温 10℃以上时播种,浇足底墒水,播深 3~4 厘米,亩播量 1.5 千克,亩留苗 7 500 株,5 叶期间苗,亩施复合肥 50 千克,在抽穗期,浇中期水。在高粱生长的中后期注意防治蚜虫。叶片较大,不抗丝黑穗病,可以采用稀植,种子包衣等措施解决。

三、饲用高粱品种

(一)沈农甜杂 2 号

特征特性:粮秆兼用的甜高粱杂交种(623A× Roma),既有较高的籽粒产量,又有很高的茎秆产量。茎秆中富有含糖汁液,可通过发酵造酒,也可作为奶牛场的青贮饲料。沈农甜杂 2 号先是于 1987 年被辽宁省科学技术委员会主持鉴定为生产酒精的再生能源高粱新品种,1991 年被全国饲料牧草品种审定委员会审定为饲用高粱新品种。

栽培技术要点:播种与密度。沈农甜杂 2 号植株高大,生长繁茂,一般采用 60 厘米行距,株距 22~25 厘米,亩保苗 4 500~5 000 株。如果茎秆用于造酒,不留分蘖;如果茎秆用于饲料,则可保留分蘖。

播种前要求整平土地,保住墒情。播种的覆土深度不超过 5 厘米,覆土过厚难出苗。

间套种,提高经济效益。沈农甜杂 2 号边行优势强,适于种 2 行与早春作物 1 行间套种,早春作物收获后还可利用甜高粱高大植株遮阴条件种香菇,实现一地多收,创造更高的经济效益。在北方,早春作物可种植马铃薯、豌豆、小麦和蔬菜等。间作时,甜杂 2 号要缩小株距,做到亩保苗与清种时相同。

适宜区域:辽宁、北京、天津、河北、河南、山东、山西、陕西、湖南、广西和贵州等省市的种植均获得成功。同时,它已被引进到日本、意大利和阿根廷等国试种。

(二)济甜杂 2 号

特征特性:一代杂交种。叶鞘紫色,幼苗绿色。株高 400 厘米,茎粗 2.2 厘米,分蘖 2.3 个,伞形中散穗,深红色,壳白粒。中抗丝黑穗病,1 级叶部病害,中抗蚜虫。第一生长周期亩产 5 288.7 千克,比对照辽饲杂 1 号增产 32.3%;第二生长周期亩产 5 189.1 千克,比对照辽饲杂 1 号增产 27.4%。

栽培技术要点:第一,整地。播前造墒,旋耕耙平待播。第二,施肥。为保增产应注意施基肥,基肥以有机肥为主,适量施用复合肥。土杂肥每亩应施用 1 方以上,或优质鸡粪 300 千克以上,复合肥每亩不低于 25 千克。拔节期追施尿素 20 千克/亩。第三,播种方法。杂交种生育期长,应春播种植。山东省 4 月中旬到 5 月上旬为播种适期,5～10 厘米土层温度稳定在 10～12 ℃即可播种。机播一般行距 66 厘米,种子用量为 0.5～1 千克。播深 2～3 厘米,播后镇压处理。第四,田间管理适宜留苗密度约 5 000 株/亩,4～6 叶期间苗、定苗,苗期注意中耕除草,抽穗后注意防治各种病虫害。

适宜区域:山东德州、滨州、东营和潍坊地区春播种植。

注意事项:为杂交一代种子,不可繁殖留种;高粱对除草剂敏感,应使用高粱专用除草剂,严格按说明书使用;种植密度不可过大,预防倒伏。

(三)大力士

特征特性:为饲用型杂交甜高粱,属一年生饲用植物。具有很强的抗旱性能,其耐盐碱、耐瘠薄、耐涝的特性突出,适应性非常广泛,既可以在西北干旱区广泛种植,又可以在夏季高温多雨的南部地区种植。1999—2000 年在新疆测产,在灌溉条件下每年可刈割 4～5 次,亩产鲜草量高达 15 吨。播种 34～44 天后,株高 1.0～1.5 米,鲜草产量为 37.5 吨/公顷,比同样生长条件下的苏丹草增产约 1 倍,且叶量更丰富。茎秆的含糖量高,拔节期大力士的茎叶比为 1∶1,粗蛋白含量可达 13.2%,营养价值高。生长早期的大力士蛋白、钙与磷的含量高于玉米,而且钙磷比例更合理,更易被家畜吸收,钾的含量也相对高一些。可以用来青饲或青贮,可以调制成干草。

栽培技术要点:每亩用种 1 千克,亩施农家肥 3 000 千克以上,二氨 10 千克,地温稳定在 14 ℃时适时播种,整地要细,墒情要好,行距 40～50 厘米,覆土 3 厘米,亩保苗 8 000～12 000 株,适时浇水,追肥。植株长到 1～2 米时刈割营养最好,留茬 15 厘米,这样可刈割 2～3 茬,并提高牧草的利用率和适口性;如果用于青贮可长到较高时刈割,也可在秋季一次性收获。

注意事项:植株长到 1.5～2 米时刈割最好,割下的鲜草要晾晒,控制数量,逐步增加,同时增加家畜饮水次数。

(四)健宝

健宝,禾本科一年生高大草本植物,是高粱与苏丹草杂交后选育而成的饲用高粱新品种。其生物学特性既体现了苏丹草分蘖和再生能力强的特点又表现出高粱茎粗叶大、耐旱、耐粗放管理等特点,是一种高产优质的新型牧草,在欧、亚、非等地的二十多个国家中广泛种植。

特征特性:具有速生、高产、优质、抽穗极晚、不结籽等特点。株高 300～400 厘米,叶片窄长,较上冲,分蘖力强,平均分蘖数 9～18 个,生长速度快,再生能力强。一年生,耐低温,植株生长健壮,长势整齐旺盛。种子椭圆形,浅褐色,千粒重 32.7 克,容重 792 克/升左右,刈割后 2～3 天返青,丰产性好,耐粗放管理,抗病性强。

栽培技术要点:选择有水浇条件、土质较肥沃地块种植,在我国北方地区可和大田作物同期播种,亩播量 1～1.5 千克,种植密度每亩 20 000 株左右,植株生长或再生至 120 厘米时方可刈割饲喂,刈割时留茬高度为 15 厘米,刈割后应根据地力条件适当追肥浇水,促进其快速生长,提高产量。

适宜区域:适宜≥10 ℃,活动积温 1 500 ℃以上的地区种植,其产量随积温增高而增高。

注意事项:饲喂前应进行晾晒;在饲喂过程中必须搭配其他饲料;土壤中的氮素含量不能过高,否则植株会积累过多硝酸盐。

(五)晋草 1 号

特征特性:叶片呈条形,叶长 90～120 厘米,叶宽 5～8 厘米,每节生叶一片。成株 17～20 片,蜡质叶脉。茎秆粗壮,主茎粗 1.5～2.4 厘米。分蘖性好,单株分蘖 2～3 个。粗蛋白含量 15.29%,粗脂肪含量 2.96%,无氮抽出物含量 32.29%,比皖草 2 号粗蛋白含量提高了 2.94 个百分点。氰化物含量 163.76 毫克/千克,远低于 500 毫克/千克的安全含量。高抗高粱丝黑穗病 2、3 号小种,全生育期抗旱、耐脊水平达二级,对叶斑病免疫。

栽培技术要点:适时早播,合理密植。在 4 月下旬至 5 月初播种为好,一般亩播种量 1.5 千克,播种深度 3～4 厘米。一般亩留苗 3～4 万株为宜。播种后出苗前要喷施除草剂,可选用宣化阿胶莠祛净旱田除草剂,每亩 200 克,兑水 30 千克地表喷雾。施肥要掌握分段施肥的原则,一般亩施磷肥 50 千克,尿素 25 千克做基肥，每次刈割后追施 10～15 千克尿素。青饲刈割时期，草高粱生长到 100 厘米高时即可刈割；作为养鱼饲料一般在株高 80～100 厘米时刈割为好；养牛、羊对植株的生长时期要求不严，从株高 100 厘米到抽穗期均可刈割饲喂；南方地区种植时应避免连阴天刈割，以免出现烂茬现象。青贮刈割时期，一般应在抽穗期刈割，此时植株的生物产量达到较高值，蛋白含量也较高，是青贮饲料刈割的最佳时期，刈割留茬高度 10 厘米（三寸）为宜。

适宜区域：≥10 ℃，活动积温 2 300 ℃以上的地区。

四、其他用途高粱品种

特征特性：龙帚 2 号杂交种。帚用。幼苗拱土能力较强，田间植株生长健壮，分蘖力较强，分蘖一般较主穗高；叶片蜡脉，叶色深绿色；株高 200 厘米左右，穗长 43 厘米，帚形穗；籽粒中等，壳红色，半包被，卵形红褐色粒。籽粒淀粉含量 63.09%，单宁含量 1.81%。中抗丝黑穗病，叶部病害二级，中抗蚜虫、螟虫。

栽培技术要点：第一，播种。一般 5 月中上旬气温回升的寒尾暖头时播种。播种前可用种衣剂或拌种霜拌种，以防地下害虫。也可采用催芽播种的方式种植。第二，合理密植。65 厘米垄，垄上双行，平方米保苗 15 株。第三，田间管理。5 叶期及时定苗。如果人工定苗，注意留匀拐子苗。6 月中旬至 7 月中旬要铲蹚及时，做到两铲两蹚。7、8 月份发现蚜虫危害时，应及时喷洒氧化乐果控制蚜源。发现黏虫危害时，应在 3 龄前喷洒敌杀死进行防治。第四，施肥。播种时施磷酸二铵每公顷 150 千克。拔节前结合蹚二遍地，每公顷追施尿素 150 千克、钾肥 75 千克。第五，收获。于蜡熟末期、完熟初期适时收获。

适宜区域：≥10 ℃，活动积温 2 300 ℃左右的地区。

注意事项：种植密度决定茎秆的粗细，所以要求严格控制种植密度，切勿密度过小。

第五章 特色杂豆及绿色高效生产技术

第一节 红小豆及绿色高效生产技术

红小豆是豆科蝶形花亚科菜豆族豇豆属,起源于中国,具有悠久的栽培历史,是我国主要的食用豆类作物之一。在中国传统医学中,红小豆除了常用作解毒剂、利尿剂、退热祛风剂等,还用于治疗水肿和脚气。红小豆对环境的适应性很强,在瘠薄地、盐碱地、干旱地均可生长。目前,红小豆主要产区集中在北方,有黑龙江、吉林、辽宁、河北、河南、山东、安徽、江苏以及陕西等地。很多地区与玉米、高粱等作物进行间作或混作,或利用零星土地种植,是人们喜食的杂豆之一。

一、红小豆的营养成分、功效及开发利用

(一)红小豆的营养成分

红小豆含有多种营养成分,食用和药用价值都比较高,是高蛋白、低脂肪、医食同源的作物。其籽粒中蛋白质含量 $19\%\sim29\%$、碳水化合物含量 $55\%\sim61\%$,除此之外,还含有人体所必需的钙、铁、磷、锌等微量元素、B 族维生素和 8 种氨基酸,其中赖氨酸含量高达 1.8%;含有多种生物活性物质,如多酚、单宁、植酸、皂苷等。单宁和多酚均具有很强的抗氧化活性,对多肽和蛋白质有很强的亲和力,能够抑制淀粉酶和胰蛋白酶;而多酚和植酸又具有潜在的降血糖活性。另外,还含有大量的原花色素,对于预防和控制炎症、心血管疾病、动脉粥样硬化、糖尿病等均有帮助,其经济价值较高,适口性好,是国内外人们喜爱的保健食品。

(二)红小豆的功效

在医药上有清热解毒、保肝明目、降低血压、消胀止吐、防止动脉硬化等多种医疗功效。据《本草纲目》记载,红小豆对肾脏、便秘、下痢、利尿、肿疡、脚气、难产等阴性病和高山病有治疗效果,被李时珍誉为"心之谷"。历代医药学家的临床经验证明,红小豆有解毒排脓、利水消肿、清热祛湿、健脾止泻的作用,可消热

毒、散恶血、健脾胃。

1. 抗氧化、防癌

红小豆中含有黄酮、硫胺素和核黄素、花色素和花色苷、烟酸、皂素类化合物等大量的功能性活性物质,是一种天然抗氧化食品。有资料表明,这类物质的抗氧化性较好,能够快速有效地除去各种有害的自由基。豆类,尤其是红小豆等有色豆类的豆皮中含有丰富的多酚类物质,具有抗氧化活性,能够帮助保护血管健康,减少癌症风险。

2. 血糖控制

碳水化合物的消化速度直接影响着淀粉类主食的餐后血糖反应。有研究表明,红小豆的碳水化合物含量在 63.4% 左右,食用红小豆后血糖上升速度较慢,属于低血糖指数食物。有研究表明,非胰岛素依赖型(Ⅱ型)糖尿病病人进食煮熟的整粒带皮红小豆、白扁豆、眉豆和绿豆后,血糖指数、血糖曲线增值面积及 C 肽曲线增值面积以红小豆最小,白扁豆次之,这说明红小豆和白扁豆是糖尿病病人饮食治疗中较理想的食物之一。另外,豆类中还含有其他因子,可以降低消化速度,对血糖也起到一定的抑制作用。

3. 抑菌杀菌

研究表明,红小豆水提取物能够明显抑制金黄色葡萄球菌、嗜水气单胞菌、副溶血性弧菌、粪肠球菌的生长和繁殖,还具有抗狂犬病毒性。红小豆水提取物经 HP～20 柱层析得到的蒸馏水洗脱组分能促进小鼠 B_{16} 黑素瘤细胞中黑素合成及 C_3H 小鼠的毛发色素沉着。

4. 解毒作用

红小豆纤维对人体生理功能的影响主要体现在防治结肠癌、便秘,预防、改善冠状动脉硬化引起的心脏病,调控糖尿病人的血糖水平,预防肥胖病和胆结石等方面。现代研究表明,红小豆中含有大量有利于治疗便秘的膳食纤维,以及促进利尿作用的矿物元素钾,这两种物质均可将身体中不必要的成分——胆固醇及盐分等排出体外,因此被人们认为具有解毒的作用。

(三)红小豆的开发利用

1. 发酵饮料

红小豆先经淀粉糖化后进行调制,接种双歧杆菌,进行前发酵;然后用混合成的发酵剂进行后发酵,调配后即获得发酵饮料。该饮料具有很好的营养保健功效,颜色淡红、酸甜可口、清爽润喉、质地均匀、口感纯正,有红小豆所特有的香气。

2. 红豆沙

红小豆富含碳水化合物,淀粉含量为 55%～60%。红小豆制作的豆沙馅料,以爽滑细腻著称。出沙率约为 75%,豆沙可用于制作豆沙包、油炸糕、水晶包以及各种中西式糕点。

3. 红小豆味米饼

以红小豆、粳米为主要原料,利用挤压膨化技术,可以制作红小豆味米饼。

二、红小豆绿色高效生产技术

红小豆是一种喜温、短日照作物,种子在田间出苗时子叶不出土。一般生育期 80～120 天,株高一般在 80～100 厘米。直根系,茎绿色或紫色,主茎节 10～20 个。生长习性有直立、半直立(半蔓生)和蔓生三种。叶子多为圆形,也有披针形。总状花序,蝶形花冠,花黄色或淡灰色。果实为荚果,长 5～14 厘米,每荚 4～18 粒,荚有圆筒形、镰刀形和弓形。种子可分为短圆柱、长圆柱和近似球形三种,种皮颜色有单色、复色、各种花斑和花纹等,种皮有红、黑、灰、绿、黄、褐六种颜色。种子百粒重一般 5～21 克,分为小粒(百粒重 6 克以下)、中粒(百粒重 6～12 克)和大粒(百粒重 12 克以上)三种类型。通常产量为 2 250～3 750 千克/公顷。

红小豆生育期短,植株较矮,固氮能力强,适应范围广,能与玉米、谷子、小麦等多种农作物和幼龄(果)树间作套种或复种,在种植业资源合理配置中是不可缺少的特色作物。通常情况下,可以选择前茬为小麦或是玉米的耕地种植红小豆,在天津、河北、山东一带一般可采取夏粮(小麦、大麦)—红小豆隔年种植方式,或麦—红小豆—春玉米(高粱、谷子)两年三作制。另外,因红小豆是喜光作物,有效荚数与光照强度呈明显的正相关,将红小豆与玉米、葵花等高秆作物按小比例间作,往往因光照弱而倒伏减产,所以应合理安排高秆作物与红小豆的空间比例。

(一)红小豆高产栽培技术

1. 选地与整地

选择高而平坦、肥力充足、土层深厚、通风透气性好、日照条件良好和排灌畅通的地块,确保红小豆高产。同时,选地要考虑茬口,避免与豆科作物重迎茬,应选择 3 年内未种植豆类作物的地块,可与玉米、高粱等作物进行轮作。滨海盐碱地应选择土壤水溶性盐分含量不高于 0.4%,pH 7.0～8.7,有灌溉和排涝条件的地块。

红小豆幼苗出土能力差,播前清除前茬、精细整地,使土壤疏松,蓄水保墒,防止土壤板结;盐碱地需大水压盐,墒情适宜再旋耕耙平,耕层水溶性盐分＜0.2%。中等肥力的土壤要结合整地施足基肥,通常施优质腐熟的农家肥 1 000～1 500 千克/亩,加用硫酸钾肥 45 千克/亩。底肥施撒均匀、与土壤充分结合,以保证作物吸收,提高肥料的利用率。

2. 播种

(1)种子选择与处理。

选择棵大、结荚多而集中、百粒重高、增产潜力大、生育期适中的高产、抗病品种;或粒大、皮薄、硬实率低、好煮易软、口感好、商品性能好的品种,如日本红、宝清红、龙红小豆、大红袍。春播宜选用中红 8 号、中红 5 号、冀红 15 号、冀红 16 号和德红 5261 等,夏播宜选用中红 7 号、中红 4 号、冀红 352 和德红 3004 等。播前剔除不饱满、秕粒、有病、带菌及霉变的籽粒,晾晒 1～2 天,用 0.2%～0.5%的多菌灵等进行药剂拌种,防止苗期病害。

(2)适时播种。

红小豆喜温、喜光,全生育期需要 10 ℃以上的温度,有效积温 20～25 ℃,一般在 8～12 ℃开始发芽、出苗,但最适宜的发芽温度为 14～18 ℃。播种应在地温稳定在 14 ℃以上时进行。在黄河三角洲地区春播一般在 4 月下旬～5 月下旬;夏播一般在 6 月上旬～7 月上旬,最迟不能晚于 7 月 10 日。

播种以穴播、条播和点播为主。机械播种时,播深 3～5 厘米;穴播时,每穴 2～3 粒,行距 40～50 厘米为宜。播种密度根据土壤肥力状况、品种特性和种植区域而定,早熟品种宜密植,中晚熟品种宜稀植;春播宜密,夏播宜稀;低肥水地块宜密,高肥水地块宜稀。播种量一般控制在 30～45 千克/公顷,留苗 12 万～15 万株/公顷。

3. 田间管理

间苗定苗:间苗宜早不宜迟,两片真叶展平时间苗;第一复叶期进行定苗,不要超过第二复叶期,每穴留 1～2 株。留苗数根据品种特性、土壤肥力和播种时间确定。

中耕除草:春播出苗后应及时中耕松土,以提升地温保墒,促进根系发育,加快幼苗健壮生长。开花前,中耕松土 3 次,中耕要以"浅—深—浅"为原则:第一次在两片对生真叶展开时进行浅耕,第二次在第一片三出复叶展开时进行深耕,第三次在第三片三出复叶完全展开、封垄前进行浅耕。在整个生育期要注意杂草的生长,防止发生草荒。

4. 水肥管理

红小豆固氮能力强,氮肥用量少,应适当增施磷钾肥和微肥。适宜的氮磷肥使植株营养生长和生殖生长协调,茎叶繁茂,开花多,结粒多,产量高。钾肥和多元微肥使植株生长健壮,抗逆性强,光合效率高,籽粒大,成熟早,增产10%以上。以施入有机肥为主,尽量减少化肥施用量,以基肥为主,追肥为辅;初花期至末花期,叶面喷施0.3%磷酸二氢钾溶液;结荚前期,喷施硫酸锌等微量元素,以促进早熟、增加粒重、提高产量。

红小豆生长期需水较多,尤以开花前后需水量最多(土壤相对湿度保持在60%～70%),应根据墒情及时灌水。遇降水量较大的年份,适时控制红小豆植株旺长,使株高不超过80厘米,以防倒伏。常用多效唑可湿性粉剂等进行化学调控。始花期,用10%多效唑可湿性粉剂500倍液喷施;或15%多效唑可湿性粉剂,每亩用量30～60克,兑水50千克,于花荚期喷施。

5. 实时收获

当红小豆植株有6～7成豆荚变成灰黄色、豆粒着色、叶片开始脱落时,即可进行机械收割。对植株上部和下部豆荚成熟期不一致的品种、进入成熟期的灰黄色豆荚,要分期进行人工采收,以促进后熟、增加粒重、提高产量。

收割后,在田间晾晒2～3天,待豆荚成熟,籽粒变成固有形状和颜色,水分含量低于16%时,择机进行机械脱粒。

6. 主要病虫害防治

病虫害是影响红小豆产量和品质的重要因素,抗性品种的选育和利用是控制其病虫害的经济、安全和有效措施。病害可分为真菌性病害、细菌性病害、病毒性病害和线虫性病害等。据不完全统计,我国每年因病虫害导致红小豆产量损失在30%以上,已经严重影响了我国红小豆的生产和贸易。

红小豆病害主要有锈病、立枯病、白粉病、叶斑病、病毒病等,虫害主要为地老虎、蚜虫、红蜘蛛、黏虫、棉铃虫、斜纹夜蛾、甜菜夜蛾、斑潜蝇、豆荚螟和食心虫等。病虫害防治应坚持预防为主,综合防治,优先采用农业防治、物理防治、生物防治,科学合理地使用化学防治。

我国对红小豆锈病、白粉病及褐斑病的抗性基因进行了遗传分析,研究认为SSD33种质具有抗锈病和抗白粉病基因,而京农2号具有对应的感病基因,抗锈病和抗白粉病均受一对显性基因控制,控制红小豆褐斑病的基因是一个 3 对基因控制的数量性状基因,具微效及累加作用。

(1)锈病。

发病规律及危害:红小豆锈病是由锈菌引起的,是专性寄主性菌,只危害红小豆,我国北方以冬孢子在病残体上越冬,翌年日均温度 21～28℃,经 3～5 天,孢子借气流传播,产生芽管,侵入红小豆产生危害,在连阴雨条件下容易流行。该病主要发生在叶片上,严重时也可危害叶柄和种荚。开始时叶背面生有淡黄色小斑点,逐渐变褐隆起,破裂,散出红褐色粉末,后期形成黑色孢子堆,使叶片变形脱落。有时叶正面产生凸起的褐色粒点,为病菌的性子器;叶背面产生的黄白色粗绒状物为锈子器。

防治方法:优选抗病良种,科学轮作间套作;适时栽培,播种不宜过早;合理密植,控制好田间密度,提高植株间的通风、透气和采光性。合理施肥,增施磷钾肥,氮肥不宜过多;雨季、连阴雨要及时排水排涝。加强日常田间管理,提高植株自身免疫力和抗病力,以减少病害的发生。采后及时清除残株至田外销毁。发病初期,每亩用 100 克 75% 百菌清可湿性粉剂配 400～500 倍液,或 65% 的代森锌可湿性粉剂 800～1 000 倍液,或 30% 的固体石硫合剂 150 倍液喷洒。

(2)白粉病。

发病规律及危害:红小豆白粉病主要侵害红小豆叶片、茎、豆荚,发病初期在叶片上出现褪绿斑点,而后在叶表面生长出白色菌丝与分生孢子。若此时田间植株密度大、环境潮湿、通风差、光照弱、氮肥施用多等,则会迅速导致植株全身附着一层白色粉状物,使植株光合作用受到影响,植株开花不正常或不开花,造成减产,白粉病在每个生长阶段都可能发生。病菌传播是以闭囊壳的形式在植物病残体上过冬,外界温度适宜(16～24 ℃)时子囊孢子萌发侵染叶片,而后叶片产生分生孢子随风扩散传播。

防治方法:选择抗病优良品种;科学轮茬间作;合理种植,控制好田间密度;均衡施肥,避免氮肥过量;清洁田园,及时深埋病秧、病果;发病初期可每亩用 50 克 50% 多菌灵可湿性粉剂 800～1 000 倍液喷雾防治,每隔 7～10 天喷 1 次,连喷 2～3 次,或者是播种时用 50% 多菌灵按种子重量的 0.5%～1% 进行药剂拌种进行防治。

(3)立枯病。

发病规律及危害:病菌以菌丝和菌核的形式在土壤或寄主病残体上越冬,腐

生性较强,可在土壤中存活 2～3 年。病菌通过雨水、流水、沾有带菌土壤的农具以及带菌的堆肥传播,从幼苗茎基部或根部伤口侵入,也可穿透寄主表皮直接侵入。病菌生长适温为 17～28 ℃,12 ℃以下或 30 ℃以上病菌生长受到抑制,病菌发育适温 20～24 ℃。刚出土的幼苗及大苗均能受害,一般多在育苗中后期发生,多在苗期床温较高或育苗后期发生,阴雨多湿、土壤过黏、重茬发病重。播种过密、间苗不及时、温度过高易诱发本病。该病主要危害幼苗茎基部或地下根部,初为椭圆形或不规则暗褐色病斑,病苗早期白天萎蔫,夜间恢复,病部逐渐凹陷、溢缩,有的渐变为黑褐色,当病斑扩大绕茎一周时,干枯死亡,但不倒伏。轻病株仅见褐色凹陷病斑但不枯死。苗床湿度大时,病部可见不甚明显的淡褐色蛛丝状霉。

防治方法:同白粉病。

(4)红小豆尾孢叶斑病。

发病规律及危害:中国红小豆尾孢叶斑病病原菌主要是变灰尾孢菌,尾孢叶斑病在我国北京、天津、河北、山东、安徽等红小豆主产区最为严重。叶斑病菌在病残体上或地表层越冬,翌年发病期随风雨传播侵染寄主。连作、过度密植、通风不良、湿度过大均有利于发病。病菌主要侵害红小豆叶片,严重时茎和荚也受影响,感病植株叶片先出现针尖大小的斑点,多沿叶脉扩展成不规则形状角斑,发病时期常在开花期、结荚期,尤其是结荚期高温多雨的环境,会大大促进叶斑病的发生与流行,导致植株落叶严重,造成红小豆严重减产,甚至颗粒无收。

防治方法:选用抗病品种,培育壮苗,合理施肥;及时除去病组织,并集中烧毁;加强栽培管理,合理轮作;不宜对植株喷浇;发病初期可选用 75%百菌清可湿性粉剂 600 倍液喷雾防治。

(5)病毒病。

发病规律及危害:蚜虫是植物病毒的主要传播者。高温、干旱、重茬等植株长势弱,易引起该病发生,可通过摩擦、打杈、绑架等作业时接蛹传播,也可通过蚜虫机械传播。红小豆病毒病是影响红小豆生产最严重的病害之一,田间症状表现为花叶、斑驳、皱缩、卷曲等,若红小豆生育前期感染,严重影响植株生长,最高可造成红小豆减产 80%。

防治方法:选用抗病品种;加强栽培管理,合理轮作,收获后清除病残株,注意在田间操作时手和工具的消毒;种子消毒,用清水浸种 4 小时后捞出,放入 10%的磷酸三钠液中浸 20 分钟后洗净,催芽播种。红小豆成株期前发现蚜虫危害时可使用50％辛硫磷乳油1 000倍液进行喷雾,治蚜防病,减少病毒传播;发病初期可用20％农用链霉素1 000～2 000倍液或20％吗啉胍·乙酮可湿性粉剂500倍液喷雾防治。

（6）根腐病。

发病规律及危害:该病主要是由多种真菌侵染所致,以土壤带菌为主,同时也可随病残体在土壤中越冬;待第二年春季播种后种子萌发时,土壤中越冬的病菌也开始萌动形成初侵染,引起发病传播。红小豆根腐病主要发生在幼苗期或成株期,根是主要受害部位。发病初期为黑褐色或赤褐色小斑点,之后逐渐扩大,呈梭形或不规则状大斑,严重的整个主根变为褐色溃疡状,发生严重时会危及侧根和须根,致使其脱落而变成秃根。根部受害则地上部植株长势下降,植株矮化,叶片枯黄瘦小,分枝数变少,结荚少,豆粒变小,产量下降。严重的整株死亡。

防治方法:选用抗病、高产、优质的红小豆品种;进行合理轮作,尽量与禾本科作物实行轮作,避免重迎茬;采用垄作栽培,有利于降湿、增温,降低病情;播种时要施用基肥并及时追肥,以防根部吸收肥力不足而易发根腐病;或播种时用50％福美双可湿性粉剂、50％辛硫磷乳油等药剂进行拌种,防治根腐病。

（7）叶枯病。

发病规律及危害:该病的病原菌以菌丝体与孢子在病落叶等处越冬,翌年在温度适宜时,病菌的孢子借风雨传播到寄主植物上发生侵染。该病在7～10月份均可发生。植株下部叶片发病重。高温多湿、通风不良均有利于病害的发生。植株生长势弱的发病较严重。该病害既可侵染红小豆的叶片,也可侵染叶柄、茎、豆荚、种子。叶上受侵染后,出现水渍状小斑,病斑初期呈现小的暗褐色斑点,逐渐沿叶脉扩展成多角形或狭条形,渐变为淡褐色或黄褐色,长达3～4厘米,病斑周围具黄色晕圈,发病严重时多个病斑可相互连成枯斑,使整个叶片枯萎、脱落。

防治方法:清洁田园,及时深埋病秧、病果,减少病源;加强栽培管理,合理施肥,控制栽培密度,使其通风透光,降低叶面湿度,减少侵染机会;发病初期,可及时喷洒70％甲基硫菌灵可湿性粉剂800倍液,或75％百菌清可湿性粉剂600倍液,或1∶1∶150倍式波尔多液,或47％春雷·王铜可湿性粉剂700～800倍液,或3％多抗霉素可湿性粉剂800倍液等,每隔7～10天喷施1次,连续防治2～3次。

（8）蚜虫。

发生规律及危害:红小豆蚜虫又叫大豆蚜、腻虫、密虫等,成蚜或若蚜吸食汁液,致使叶片枯死、种子千粒重降低、品质变差。红小豆蚜虫的发生与环境有很大的关系,当平均温度达到22 ℃以上、田间相对湿度在78%以下或长期高温、干旱的环境有利于蚜虫发生。

防治方法:及时清除残株枯叶,深埋或销毁;用黄板诱杀有翅蚜;发病时可用50%甲萘威可湿性粉剂400倍液叶面喷施,或每亩用15%的丁硫吡虫啉 EC30～40毫升兑水30千克喷雾防治,或0.3%苦参碱水剂900倍液喷雾,或用4%阿维·啶虫脒乳油1 500倍液喷雾防治。

(9)豆荚螟。

发生规律及危害:豆荚螟又叫豆螟蛾、豆卷叶螟等,属螟蛾科。红小豆豆荚螟一年发生的代数因地域而异,老熟幼虫在土中越冬,成虫白天栖息在寄主植物或杂草叶背面或阴处,晚间活动,产卵,有趋光性。幼虫可转荚危害。一般转荚1～3次。幼虫紫红色,以幼虫危害叶、花及豆荚,还能吐丝卷叶,在内蚕食叶肉,造成落花、落荚。同时以幼虫蛀食豆类作物的荚果种子,早期蛀食,易造成落荚,后期蛀食豆粒,并在荚内及蛀孔外堆积粪粒。受害的豆荚豆粒味苦,不能食用,严重影响品质和产量。

防治方法:及时清除落花、落荚;摘除被害的卷叶和豆荚;选用早熟、丰产、结荚期短、少毛或无毛的抗病高产良种;适期播种,使结荚期避开成虫产卵盛期;利用成虫的趋光性进行灯光诱杀,黑光灯布设密度1～1.5个/公顷。可选用40%氯虫·噻虫嗪水分散剂3 000倍液、5%氯虫苯甲酰胺悬浮剂3 000倍液、6%阿维·氯苯酰悬浮剂600倍液交替使用,喷雾防治。或每亩用75～100毫升50%马拉硫磷乳剂配1 000倍液喷雾,或每亩用20～30毫升的20%氰戊菊酯乳油配2 000～3 000倍液喷雾。

(10)食心虫。

发生规律及危害:大豆食心虫一年仅发生一代,以老熟幼虫在豆田、晒场及附近土内做茧越冬。成虫出土后由越冬场所逐渐飞往豆田,成虫飞翔力不强。上午多潜伏在豆叶背面或荚秆上,受惊时才做短促飞翔。成虫有趋光性,黑光灯下可大量诱到成虫。成虫产卵时间多在黄昏。成虫产卵对豆荚部位、大小、品种特性等有明显的选择性。绝大多数的卵产在豆荚上,少数卵产于叶柄、侧枝及主茎上。以3～5厘米的豆荚上产卵最多,2厘米以下的很少产卵,幼嫩绿荚上产卵较多,老黄荚上较少。一般豆荚上产卵1～3粒不等,幼虫蛀食豆荚,一般从豆荚合缝处蛀入,把被害豆粒咬成沟道或残破状。

防治方法:选抗虫品种。品种与大豆食心虫为害关系密切,要选种光、荚大、木质化程度高的品种;合理轮作,尽量避免连作;豆田翻耕,尤其是秋季翻耕,增加越冬死亡率,减少越冬虫源基数。发病时可每亩用2.5%高效氯氟氰菊酯乳油15～20毫升配2 000～3 000倍液喷雾;或80%敌敌畏乳油制成缓释棉球,放在垄台上,每隔5垄放一趟,每隔5米放一个,熏蒸;也可每亩用15～25毫升2.5%溴氰菊酯乳油配3 000～4 000倍液喷雾防治。

(11)蛴螬和地老虎。

发生规律及危害:蛴螬是金龟甲的幼虫,属鞘翅目金龟甲科,又名核桃虫。卵乳白色,椭圆形,表面光滑,产于土中,孵化前变成淡黄色或黄色。蛹为裸蛹,黄色。华北地区1～2年完成一代,成虫或幼虫在土中越冬。发生期成虫白天潜伏于土壤中,傍晚飞出取食、交尾,黎明前钻回土壤中。成虫食性很杂,可取食多种植物,如大豆,花生,果树的花、芽,杨树的叶片等。幼虫在土中生活,为害作物根部及种子。成虫有很强的趋光性,同时还有假死性。

地老虎又叫切根虫,是粉翅蛾的幼虫。小地老虎在华北地区一年发生2～3代。幼虫共6龄,主要集中啃食植物嫩茎上的叶肉,残留表皮,形成麻布眼状的花叶。1～2龄幼虫在杂草及作物、蔬菜幼苗处昼夜取食为害;3龄后开始扩散,白天潜伏夜间为害。3龄前食量很小,抗药力较弱,4龄后食量剧增,因此药剂防治应掌握在1～2龄阶段。5～6龄幼虫可咬断植物幼苗地面上的茎,造成缺苗、缺垄,并将咬断的嫩茎拖回洞穴。小地老虎对黑光灯有很强的趋向性,喜取食糖、醋等甜味物质。

防治方法:清除田间、地边及附近杂草;施用充分腐熟的有机肥,及时灌水;深耕深翻,压低越冬虫量;保护天敌;可以利用小地老虎成虫产卵前需要补充营养,容易被诱杀的特点,集中堆放稻草诱集幼虫,并人工进行捕杀,或使用黑光灯诱杀成虫,或用糖、醋、酒、水按照3∶1∶3∶160比例调配,诱杀小地老虎成虫。或在播种前每亩用50%辛硫磷0.5千克,加水适量,喷拌细土30千克撒施于幼苗根际附近。或用新鲜菜叶浸入90%敌百虫晶体400倍液10分钟,傍晚放入田间诱杀;也可每亩用100克90%敌百虫配400倍液喷雾防治,或选用2.5%溴氰菊酯乳油1 000～2 000倍液喷雾防治。

(12)四纹豆象。

发生规律及危害:四纹豆象是一种世界性分布的害虫,年发生代数因发生地区、发生病害豆类品种不同而不同,成虫具有假死性,产卵具有趋向性,成虫寿命与温度关系密切,温度每升高 10 ℃寿命几乎缩短一半,此外在一定范围内,成虫寿命还随湿度升高而延长。红小豆的四纹豆象主要危害老熟豆粒。在田间,虫卵散产于老熟开裂的豆荚内的豆上,或即将成熟的豆荚外部,在仓内产卵于十豆粒上,它和绿豆象的习性很相似,只不过寄主比较单一。

防治方法:在调运种子时严格执行检疫制度,防止传播蔓延。少量食用的豆类可利用电热干燥箱,用 110 ℃的温度,烘半个小时。或采用气调杀虫、通风降温抑制虫害、辐射杀虫、灯光诱杀、日光暴晒等方法。或采用植物精油防治,如九里香、肉桂、香叶、茴香、花椒精油、柑橘油等处理豆类,对四纹豆象能起到毒杀、抑制生长发育、驱避、引诱、拒食等作用。

(二)红小豆—夏玉米间作技术

1. 品种选择

红小豆选择大粒、直立型品种,如冀红 9218、保红 947 等;玉米选用生育期适宜、抗倒、抗病、丰产性较好的品种,如郑单 958、先玉 335 等。

2. 播种方法

(1)播期。

于 6 月 20 日前后播种。

(2)种植比例。

玉米和红小豆行数比以 2∶4 为宜,即 2 行玉米间作 4 行红小豆。

(3)种植方式。

红小豆播前晒种 2～3 天。播种采用条播或穴播,行距 50 厘米,穴距 15 厘米,播深 3～5 厘米,每穴 3～4 粒种子,播后覆土,亩播种量在 2.5 千克左右。玉米一般采用开沟播种,行距 50 厘米,播深 3～5 厘米,穴距 20 厘米,每穴 2～3 粒种子,亩播种量 1.5 千克左右。

(4)种肥。

红小豆和玉米在播前统一底施 45%三元素复合肥 20 千克/亩。如随播种施入要注意肥、种分离。

(5)化学除草。

播后苗前亩用乙草胺 200 毫升兑水 30 千克喷雾封杀杂草。

3. 田间管理

(1)红小豆田间管理技术。

①红小豆出现第一复叶时间苗,每穴留苗 1 株。初花期中耕 1 次,深 10 厘米

左右。7月中旬亩追施尿素化肥5千克、过磷酸钙7.5～10千克。在花期或结荚初期亩施0.75～1千克尿素和0.1～0.3千克磷酸二氢钾,兑水15～25千克进行叶面喷肥,肥后浇水并及时清除杂草。

②红小豆病虫害防治。在苗期注意防治病毒病,可选用75%百菌清可湿性粉剂500～600倍液或80%代森锌可湿性粉剂400倍液喷雾防治,同时兼治蚜虫。在开花期和结荚期重点防治豆荚螟和食心虫,可选用2.5%的高效氯氰菊酯乳油2 000～3 000倍液进行喷雾防治。

(2)玉米田间管理技术。

①在玉米3叶1心期间苗,玉米5叶1心期定苗,伴随定苗进行中耕除草。定苗后亩用1.5千克磷酸二氢钾兑水30千克进行叶面喷肥。玉米10～12叶1心期即大喇叭口期亩追施尿素化肥25千克,肥后浇水。抽雄期每亩再追施尿素化肥10千克作为攻粒肥。

②玉米病虫害防治。在玉米苗期用10%吡虫啉1 000倍液防治玉米蚜虫;在玉米拔节期用50%多菌灵800倍液喷雾防治玉米大、小斑病;在玉米小喇叭口期向心叶中撒施杀螟硫磷颗粒剂,防治玉米螟。

三、红小豆品种介绍

中国红小豆地方性品种品质上乘、特种成分含量极高,如晋红小豆6号、京农8号、特红1号、金红3号、晋红小豆4号、冀红19、吉红7号、陇红小豆1号、津红2号等都是较好的红小豆品种。

(一)晋红小豆6号

特征特性:平均生育期112天。株型直立,平均株高37.4厘米,平均主茎分枝5个,平均主茎节数18节,叶圆形、绿色,花黄色,结荚集中,成熟一致,成熟荚白色、直形,平均单株成荚32个,平均荚长9.4厘米,平均荚粒数7个,籽粒圆柱形,种皮浅红色、脐白色,平均百粒重17克。

品质分析:农业部谷物品质监督检验测试中心(北京)检测,粗蛋白(干基)含量25.56%,粗淀粉(干基)含量53.15%。

栽培技术要点:避免连作重茬,采用腐熟有机肥与氮磷钾复合肥混施作底肥。晋北春播适宜播期为5月中旬,播量6～9千克/亩,适宜密度为每亩0.8～1.1万株,行距45～50厘米,株距12～15厘米。5叶期中耕培土防倒伏,初花期随水亩施尿素5～7千克,采用500倍代森锰锌或1 000倍多菌灵液兑少许80%

敌敌畏乳油防治病虫害,注意克服花期干旱。

(二)京农8号

特征特性:平均生育期113.4天,幼茎嫩绿色,植株直立紧凑,平均株高38.6厘米,平均主茎节数14节,有效分枝数2~4个,复叶中等大小,小叶呈卵圆形,花黄色,单株荚数18~25个,单荚粒数5~7个,平均荚长9.9厘米,平均荚宽0.65厘米,荚圆筒型,成熟荚白色,籽粒近圆形,粒色浅红,有光泽,百粒重14~16克,属中大粒型。

品质分析:农业部谷物及制品质量监督检验测试中心(哈尔滨)检测,粗蛋白(干基)含量22.18%,粗淀粉(干基)含量51.54%。

栽培技术要点:避免连作重茬,采用腐熟有机肥与氮磷钾复合肥混施作底肥,足墒播种。夏播6月25日左右,亩播量5~8千克,密度1万~1.2万株/亩,行距45~50厘米,株距12~15厘米。5叶期中耕培土防倒伏,克服花期干旱,花初期随水亩施尿素5~7千克,采用500倍代森锰锌或1000倍多菌灵液兑少许80%敌敌畏乳油防治病虫害。

(三)特红1号

特征特性:生育期107天左右,属早熟品种。生长较整齐,长势中等。主根发达,抗旱性强,幼茎绿色,植株直立,抗倒性好,株高41.3厘米左右,主茎分枝多、紧凑,单株分枝5.2个,花黄色,荚浅黄色、圆筒型,单株荚数23.5个,单荚6.4粒,籽粒中等大小,百粒重16.4克,籽粒长圆形,深红色,商品性好。成熟后不炸荚,易统一收获。

品质分析:农业部谷物品质监督检验测试中心(北京)检测,粗蛋白(干基)21.26%,粗脂肪(干基)0.55%,粗淀粉(干基)57.13%。

栽培技术要点:合理轮作倒茬,最好与禾谷类作物轮作。增施农家肥作底肥,以堆肥、厩肥等为好,在农家肥中增加磷、钾,如草木灰等。适宜穴播和条播,播种密度为每亩6500~8500株。加强田间管理,及时除草,干旱年份要中耕,花期到灌浆期有条件的地方可浇水一次,以保证籽粒饱满。当田间大多数的植株上有70%以上的荚变黄或变黑时收获。

(四)金红3号

特征特性:生育期114天左右。生长较整齐,生长势强。幼茎多边形、绿色,植株半蔓生,株高57.2厘米左右,单株分枝6个,总状花序,花黄色,荚圆筒形,单株荚数 33.2 个,单荚 6.9 粒,成熟荚灰褐色,百粒重 12.8 克,籽粒短圆柱形,鲜红色,商品性较好。抗旱性中等,田间调查菌核病发生较对照重。

品质分析:农业部谷物品质监督检验测试中心(北京)检测,粗蛋白(干基)含量 22.18%,粗脂肪(干基)含量 0.74%,粗淀粉(干基)含量 56.0%。

栽培技术要点:合理轮作倒茬,最好与禾谷类作物轮作。亩施基肥碳铵 15～20 千克,过磷酸钙 20～30 千克。旱地中低水肥地种植,亩播量 2.5～3.0 千克,亩留苗 1.2 万株左右。苗期及时中耕除草,在多雨年份要注意防治菌核病。当田间大多数的植株上有 70% 以上的荚变黄或变黑时收获。

(五)晋红小豆 4 号

特征特性:幼茎与叶片均为绿色,生长整齐,株高 49.7 厘米,单株分枝 5.1 个,花黄色,单株荚数 23.4 个,单荚粒数 7 个,籽粒短圆柱形,白脐、红色、有光泽,百粒重 12.1 克。平均生育期 107.2 天,综合农艺性状较好。

品质分析:农业部谷物品质监督检验测试中心(北京)分析,粗蛋白(干基)含量 22.87%,粗脂肪(干基)含量 0.4%,粗淀粉(干基)含量 54.14%。

栽培技术要点:6 月中下旬播种。亩播量 1.5～2 千克,亩留苗 8 000～9 000株。及时中耕除草,防治病虫害。花期保证足够水分供应,及时收获、晾晒脱水、安全入库。

(六)冀红 19

特征特性:根系发达,主根较深,幼苗直立,成熟时株型紧凑,直立生长。复叶阔卵圆形,叶片中等,叶色绿,叶柄绿色,叶脉绿色,小叶基部绿色,叶面茸毛稀疏。全生育期平均为 90.6 天,株高为 48.9 厘米,主茎分枝 3.1 个,主茎节数 17.5 节,单株结荚数 29.3 个,荚长 8.2 厘米,单荚粒数 6.4 个,百粒重 17.1 克,籽粒红色,有光泽,商品性好。成熟荚黄白色,荚圆筒形,表面无茸毛,成熟时不易炸荚。两年多点田间自然鉴定表明,冀红 19 生长期间田间无病毒病、锈病及枯萎病等发生。

品质分析:农业部谷物品质监督检验测试中心(北京)品质检测,粗蛋白质含量 23.91%,粗淀粉含量 55.35%。

栽培技术要点:6 月中下旬播种,播种量 37.5～45 千克/公顷,行距 0.5 厘米,株距 12.1～14.8 厘米,播深 3～5 厘米,覆土不宜太厚。合理密植中高水肥地 13.5 万株/公顷,瘠薄旱地 16.5 万株/公顷左右。

（七）吉红7号

特征特性:籽粒短圆柱形,种皮薄有光泽,浅红色,百粒重13克左右。植株特性:有限结荚习性,幼茎绿色,株高70~80厘米,每株3个分枝,结荚20~30个,单荚7粒,荚长7.5厘米。抗叶部病害,抗旱性强。生育期108天左右。

品质分析:蛋白质含量25.25%,粗脂肪含量0.35%,属于高蛋白、低脂肪的优良品种。

栽培技术要点:适时播种,忌重茬。每公顷保苗10万~15万株。根据土壤肥力状况,播种时施种肥,每公顷施氮磷钾复合肥200千克左右。

（八）陇红小豆1号

特征特性:平均生育期98天,直立型,有限结荚习性。株高31.8厘米,分枝4.3个,单株荚数34.6个,荚粒数7.8个,荚长8.6厘米,豆荚成熟后呈乳黄色。籽粒长圆柱形,红色,百粒重23.6克。高抗叶锈病,较耐叶斑病。

品质分析:含粗脂肪0.41%、粗淀粉53.52%、粗蛋白24.3%。

栽培技术要点:适时播种,播深3~4厘米。行距35~40厘米,株距8~10厘米,亩保苗1.2万~1.5万株。3叶期进行人工培土,培土高度5厘米左右,于5~8叶期进行第二次培土。在红小豆全生育期内中耕除草2~3次,兼防病虫害。

（九）津红2号

特征特性:夏播生育期98~106天。植株直立型,无限结荚习性。株高60~70厘米,分枝5~8个,呈单面扇形排列,幼茎绿色,叶色油绿,成熟荚黄白色,整株落黄一致,荚果爆裂率低,粒形截圆,粒色鲜红,百粒重9~12克,一般10克左右。皮薄、易烂度好、出皮率低,无铁豆、沙性大。对旱、涝、盐、碱适应性强,对锈病、白粉病、病毒病抗性较强。

品质分析:百克红小豆含淀粉47.0克、可溶性糖0.68克、粗蛋白20.3克、粗脂肪1.61克、钙136毫克、磷590毫克、钾1.02克等。

栽培技术要点:适宜夏播,也可晚春播;适宜清种,也可间作。夏播应在六月上中旬进行,最迟6月底。适宜在排水条件好的壤质土种植,要求中等以上肥力条件。三肥作底,重施磷钾肥,现蕾开花期追施氮肥。每亩留苗(单株)6 000~10 000株,行距60~70厘米。及时防治蚜虫、红蜘蛛、锈病、白粉病等多发性病虫害,及时排涝。

第二节　绿豆及绿色高效生产技术

绿豆是豆科蝶形花科菜豆族豇豆属中的一种作物,别名有植豆、文豆等,属喜温作物。从形态学上,绿豆可分为明绿豆和毛绿豆。一般来说,明绿豆表皮有光泽,毛绿豆表皮无光泽;明绿豆沙性较小,不易煮烂,但出芽率高;毛绿豆沙性大,易煮烂,但出芽率低。

世界上最大的绿豆生产国是印度,其次是中国。绿豆起源于我国,在我国有悠久的种植历史,我国多个地方都有种植,主要产区在黄河、淮河流域及东北地区。绿豆耐旱、耐瘠、固氮,适宜与其他作物间作套种,我国常年种植绿豆面积约80万公顷,总产量约100万吨。同时,我国也是世界上最大的绿豆出口国,年出口量在20万吨左右,是我国出口创汇的主要杂粮作物之一。

绿豆营养丰富,药用价值较高,可清热解毒、消肿利尿、明目降压,对治疗动脉粥样硬化、降低血液中的胆固醇、保肝护肝、医治烫伤和创伤等有明显作用,经济利用价值较高。

一、绿豆的营养价值、功效及开发利用

绿豆用途多,经济价值高,被誉为"绿色珍珠",广泛应用于食品工业、酿造工业和医药工业等。绿豆属高蛋白、低脂肪、中淀粉、药食同源作物,是人们理想的营养保健食品。以绿豆为原料的加工制品在国内外市场享有盛誉。

(一)绿豆的营养价值

1. 蛋白质

绿豆的蛋白质含量为 $19.5\%\sim33.1\%$,平均含量为 21.6%,低于大豆蛋白质,但高于其他常见谷物蛋白质。绿豆蛋白质是由球蛋白、清蛋白和醇溶蛋白组成的,其中 80% 为球蛋白,氨基酸种类齐全、配比均衡,富含蛋氨酸、色氨酸、赖氨酸、亮氨酸、苏氨酸,其中苯丙氨酸和赖氨酸含量最多。

2. 碳水化合物

绿豆中的碳水化合物为整粒的 $61.8\%\sim64.9\%$,包括淀粉、低聚糖和膳食纤维,主要为淀粉,其含量为 $51.9\%\sim53.7\%$,直链淀粉含量 $30.2\%\sim31.2\%$,居豆类食物的首位。绿豆淀粉糊透明度高、冻融稳定性及凝沉性好,是加工粉条及粉丝理想的原料之一。

3. 脂类

绿豆中脂类含量较低，为 2.1‰～3‰，主要存在于胚中，包括脂肪、磷脂、豆固醇等，主要由油酸、亚油酸、亚麻酸等不饱和脂肪酸构成。绿豆磷脂包括磷脂酰胆碱、磷脂酰乙醇胺、磷脂酰肌醇、磷脂酰甘油、磷脂酰丝氨酸和磷脂酸等。

4. 维生素

绿豆富含多种维生素。据文献记载，每 100 克绿豆含有硫胺素 0.25 毫克、核黄素 0.11 毫克、烟酸 20 毫克、维生素 E 10.95 毫克和胡萝卜素 13 毫克。其中，维生素 E 和胡萝卜素均具有很强的抗氧化活性，能保护人体多种组织和细胞免受含氧自由基的损伤，降低多种慢性病发生的风险。

5. 矿物质

绿豆含有人体所需的多种矿物质，是钾、镁、硒等的良好来源。有文献报道，每 100 克绿豆中含有钙 81 毫克、磷 337 毫克、钾 787 毫克、钠 3.2 毫克、镁 125 毫克、铁 6.5 毫克、锌 2.18 毫克、硒 4.28 毫克、铜 1.08 毫克和锰 1.11 毫克。

6. 生理活性物质

绿豆中含有的功能性低聚糖，包括水苏糖和棉籽糖等。它们是双歧杆菌等益生菌的营养物质。绿豆皮中富含黄酮类化合物，具有抗肿瘤的作用。绿豆多肽具有较高的溶解性、吸水性、低黏度和流动性，在医药、食品等行业应用较广。

(二)绿豆的功效

1. 清热解毒

绿豆具有很强的解毒作用，能清除体内外多种毒物，预防食物中毒和药物中毒。这与绿豆富含蛋白质、膳食纤维、硒、多酚等解毒成分有关。绿豆含有丰富的无机盐、维生素。在高温环境中以绿豆汤为饮料，可以及时补充丢失的营养物质，达到清热解毒的治疗效果。

2. 抗氧化、保肝

绿豆皮中富含维生素 E、胡萝卜素、黄酮类和多酚类物质等抗氧化成分，能够增强肝组织超氧化物歧化酶活力，降低肝组织丙二醛水平，并缓解肝细胞空泡变性及坏死的现象，降低急性酒精性肝损伤。

3. 抗肿瘤、美白

绿豆富含膳食纤维、功能性低聚糖、黄酮类与多酚类物质等成分，这些成分可通过多种途径发挥抗肿瘤作用。绿豆黄酮化合物中的牡荆素和异牡荆素丰富，提取物对蘑菇酪氨酸酶有很高的抑制活性，能抑制黑色素过度沉积，具有美白功能。

4. 消炎杀菌

绿豆中的某些成分直接有抑菌作用,如绿豆蛋白提取液对大肠杆菌和金黄色葡萄球菌有一定的抑制作用,绿豆所含的单宁能凝固微生物原生质,产生抗菌活性。绿豆还可通过提高免疫功能间接发挥抗菌作用等。

5. 降胆固醇、降血脂

绿豆富含豆固醇,与胆固醇结构相似,可与胆固醇竞争酯化酶,使胆固醇不能酯化从而减少肠道对其吸收,还可通过促进胆固醇异化或阻止肝脏内胆固醇的生物合成,从而降低血清胆固醇水平。

(三)绿豆的开发利用

1. 绿豆食品的开发利用

由于绿豆适口性好,易消化,营养价值高,是人们喜爱的饮食佳品。绿豆不仅仅可以做绿豆粥、绿豆汤、绿豆米、绿豆饭、豆沙馅、绿豆糕、生豆芽菜,还可以做凉粉、粉皮、粉丝、冷饮,也是酿制名酒的好原料。

2. 绿豆蛋白的开发利用

绿豆中富含蛋白质,达 19.5%～33.1%,蛋白质功效比较高,且氨基酸种类齐全,特别是赖氨酸含量较高,接近鸡蛋蛋白质赖氨酸的含量。绿豆蛋白具有极好的溶解性、保水性、乳化性、凝胶性、发泡性和泡沫稳定性等功能,在食品加工业的面制品、肉制品、乳制品和饮料中的应用前景十分广阔。还可以分离蛋白,制成蛋白奶、咖啡豆奶等蛋白饮料。

3. 绿豆皮的开发利用

绿豆中的纤维素含量 50%～60%。合理开发绿豆皮中的纤维素,把它转化成功能性食品膳食纤维,将具有很大的发展空间。膳食纤维被称为"第七营养素",是人体正常代谢必不可少的,添加到面包、面条、糕点等食品中,可补充一般食品膳食纤维含量的不足,并作为高血压、肥胖病患者的疗效食品。

4. 绿豆变性淀粉的开发利用

天然淀粉用途虽广,但不能满足工业生产的各种要求。比如天然淀粉糊黏度不具热稳定性,抗剪切力稳定性不够,冻融稳定性较差,淀粉不具冷水溶解性。了解绿豆的基本特性,合理地开发利用绿豆资源,使其发挥更大的价值,创造出更大的社会效益和经济效益。

二、绿豆绿色高效生产技术

(一)绿豆高产栽培技术

1. 整地与施肥

(1)选地。绿豆适应性广,抗逆性强,耐旱、耐瘠、耐荫蔽,沙质土、沙壤土、壤土、黏壤土及黏土上均可种植。最适合中性和弱碱性,土层深厚,富含有机质的土壤,土壤 pH 6.5~8,避免重茬。

(2)整地。播种前应精细整地,耕深 10~15 厘米为宜,做到疏松适度,地面平整,蓄水保墒,以利于绿豆出苗和生长发育。麦收后夏播,应及早整地,疏松土壤,清理根茬,掩埋底肥,减少杂草。

2. 播种

(1)种子处理。精选种子,并晒种,以提高种子活力,增强发芽势,保证苗全、苗壮。盐碱地可选择鲁绿 1 号、潍绿 5 号、潍绿 7 号和中绿 5 号等品种。播前可用 25% 多菌灵按种子总量的 2‰~5‰进行拌种,以防治根腐病等。

(2)播期。

4 月下旬春播,或 6~7 月夏播,适时早播可延长开花期,增加结荚数,促进绿豆增产。

(3)播种方式。

条播、穴播或撒播;行距 50 厘米,一般留苗 12 万株/公顷,随品种特性、土壤肥力和栽培方式不同而异;播深 3~5 厘米,黏土和湿墒地要浅,土壤疏松、墒差地要深。

3. 田间管理

(1)中耕除草。生长初期,田间易生杂草,雨后或灌水后土壤易板结,出苗到花期前要进行 2~3 次中耕除草。第一次要浅耕,破除板结,铲除杂草,增强根瘤菌活力;第二次可结合间苗或定苗进行;第三次开花封垄前进行,以利护根、排涝和防倒。生长期间也可用化学除草剂除草。

(2)水分管理。绿豆虽耐旱,但缺水会造成减产,50% 田间持水量及疏松通气的土壤最适合根瘤的生长。绿豆不耐涝、怕水淹,如苗期水分过多,会使根病加重,引起烂根死苗,造成缺苗断垄,或发生徒长导致后期倒伏,后期遇涝,根系及植株生长不良,根瘤菌的固氮能力下降,出现早衰,花荚脱落,产量下降。开花结荚期根据土壤墒情进行水分管理,干旱时适当灌溉可明显促进绿豆营养生长,增加干物质重量,提高单株荚数和单荚粒数。如遇涝灾,需及时排水,确保绿豆产量。

(3)肥料管理。幼苗期可施少量速效氮肥,促进幼苗生长整齐健壮,有利于根瘤菌的繁殖。花荚期是对氮、磷、钾需要的高峰期,应根据土壤肥力状况补充肥量;初花期与灌浆鼓粒期可叶面喷施磷酸二氢钾和尿素混合液;鼓粒灌浆期,如发现颜色变淡,应及时喷磷及微量元素肥料。

4. 收获与贮藏

(1)适时收获。绿豆为无限结荚,多数品种成熟期不整齐,地方品种易炸荚,应根据成熟情况分次采收。种植面积不大时,70%的豆荚成熟可进行一次采摘,通常情况下收摘2~3次。种植面积大时,选择 2/3 以上豆荚成熟时一次性收割。收割时间最好在早晨露水未干或傍晚时。

(2)安全贮藏。收获后及时晾晒、脱粒、清选,水分降至安全含水量后,药剂熏蒸,贮藏于冷冻干燥处,以防霉变,并注意防止仓库害虫危害。在良好的贮藏条件下,种子可储藏 6 年以上。

5. 主要病虫害防治

(1)病毒病。

发病规律及危害:蚜虫是植物病毒的主要传播者,植物出苗后到成株期均可发病,以苗期发病居多。主要表现为花叶斑驳或皱缩。发病初期幼苗出现花叶斑驳的植株,严重时幼苗会出现叶片扭曲畸形、叶肉隆起、明脉等症状,有明显的黄绿相间皱缩花叶,病株矮缩,开花晚。

防治方法:选用抗病品种;加强栽培管理,合理轮作,收获后清除病残株;种子消毒;蚜虫迁入田间时要及时喷 10% 吡虫啉可湿性粉剂 2 000~3 000 倍液进行防治,以减少病毒传播。发病初期,开始喷洒抗毒丰(0.5% 菇类蛋白多糖水剂)250~300 倍液或用 20% 吗啉胍・乙酮可湿性粉剂 500 倍液喷雾,每隔 7~10 天喷 1 次,一般喷 2~3 次。

(2)炭疽病。

发病规律及危害:多雨、多露、多雾冷凉多湿时易发生。主要危害叶、茎及荚果。叶片染病初期呈红褐色条斑,后变成黑褐色或黑色,并扩展为多角形网状斑;叶柄和茎秆染病后,病斑呈褐锈色细条状。豆荚染病初期,出现褐色小点,扩大后呈现褐色至黑褐色圆形或椭圆形斑,四周常具红褐色和紫色晕环,中间凹陷,湿度大时,溢出粉红色黏稠物。种子染病后,会出现黄褐色大小不等的凹

陷斑。

防治方法:选用抗病品种;实行轮作,一般两年为宜;注意从无病荚上采用无病种子,并使用 50％福美双可湿性粉剂进行拌种,晒干后播种;开花后、发病初期,可喷施 75％百菌清可湿性粉剂 600 倍液,每隔 7～10 天喷 1 次,一般喷 2～3 次。

(3)锈病。

发病规律及危害:进入开花结荚期后,如遇高湿、昼夜温差大或结露持续时间长时易发此病;连作地发病较重。可危害叶片、茎秆和豆荚,以叶片受害为主。染病后,叶片上散生或聚生大量近圆形小斑点,叶背出现锈色细小隆起,后表皮破裂外翻,散出红褐色粉末;秋季可见黑色隆起点混生,表皮裂开后散出黑褐色粉末。病情严重时,叶片早期脱落。

防治方法:选用抗病品种;清洁田园,加强管理;春播宜早,必要时可采用育苗移栽避病;发病初期可每亩用 75％百菌清可湿性粉剂 100 克配 400～500 倍液喷雾防治,或用 50％多菌灵可湿性粉剂 600 倍液喷雾防治。

(4)叶斑病。

发病规律及危害:开花前(4～5 片复叶时)发生,并在田间多次侵染,花荚期如遇高温多雨,常造成病害大规模流行。主要危害叶片、茎和花梗,可减产 10％～30％,严重影响绿豆品质。发病初期,在叶片上出现淡褐色或暗褐色的水渍状病斑,边缘有明显的黄色晕圈,逐渐扩大为圆形或不规则的褐色枯斑,直径 5～10 毫米,后期成为坏死斑,直至叶片干枯。

防治方法:选用抗病品种,选无病株留种;合理密植,注意田间雨后排涝,轮作换茬,及时清除病株残体;播前可用 45 ℃温水浸种 10 分钟消毒。发病初期,可喷施 75％百菌清可湿性粉剂 600 倍液或 80％代森锰锌可湿性粉剂 400 倍液,或 1∶1∶200 倍式波尔多液每隔 7～10 天喷洒 1 次,连续防治 2～3 次。

(5)根腐病。

发病规律及危害:苗期受害,根茎部呈现为褐色或黑褐色,植株矮小枯萎;成株期受害,表现为地上部枯萎,叶片逐渐失水褪绿、变黄,根茎部主根上出现凹陷、长条形病斑,随病斑发展至整个主根,植株逐渐枯萎死亡。病菌浸染由小根和须根,逐步向主根蔓延,病部腐烂,后期侧根和主根大部分干缩。

防治方法:选用抗病品种;播前可用药剂进行拌种或温水浸种;实行 3 年以上轮作;发病初期可用 75％百菌清可湿性粉剂 600 倍液喷雾,每隔 7～10 天用药

1次,连续防治2～3次。

(6)立枯病。

发病规律及危害:绿豆在低温多雨、地势低、排水不畅及连作地块等不利的自然条件下易发生病害。幼苗茎基部产生红褐色病斑,后逐渐变褐色,发病部位明显缢缩、凹陷,致皮层裂开、溃疡,导致幼苗死亡。湿度大时可产生褐色霉状菌丝,轻微发病时植株微黄,生长缓慢。

防治方法:选用优良抗病品种;与非豆类作物实行2～3年的轮作;根据品种特性适度密植,以利于通风透光;及时进行铲趟、除草、雨后排涝工作,要清除病株及清洁田园,减少病菌越冬概率。播种时,可采用18%辛硫磷·福美双种子处理剂按照1∶80～1∶110比例拌种;或在发病初期选择70%百菌清可湿性粉剂800倍液,或50%多菌灵可湿性粉剂600倍液喷雾防治,每隔5天将不同药剂喷施1次,连续喷施2～3次。

(7)细菌性疫病。

发病规律及危害:细菌性疫病又称细菌性斑点病,多发生在夏秋季节雨水较多时,发病后叶片会出现褐色圆形或者不规则形状的水疱状斑点,在发病初期斑点呈现水渍状,后期会变成坏疽状或者叶片木栓化。

防治方法:实行3年以上轮作。选留无病种子,从无病地采种,对带菌种子用45℃恒温水浸种15分钟捞出后移入冷水中冷却。加强栽培管理,避免田间湿度过大,减少田间结露。可选用福美双拌种,减少种子带菌种植。发病时,可喷施72%霜脲·锰锌可湿性粉剂800倍液或47%春雷·王铜可湿性粉剂700倍液喷雾防治。或72%农用硫酸链霉素可溶性粉剂3 000～4 000倍液、新植霉素4 000倍液、抗菌剂"401"800～1 000倍液喷雾,隔7～10天喷1次,连续喷2～3次。

(8)蛴螬和小地老虎。

发病规律及危害:蛴螬幼虫直接咬断植株的根、茎、叶,使幼苗死亡,造成缺苗断垄,导致减产。它的发生与温、湿度有关,它的生长适宜温度为10～18℃,过高或过低的温度都会使它停止生长。小地老虎每年可发生2～7代。幼龄幼虫常群集在幼苗的心叶或叶背上取食,把叶片吃成网孔状;3龄以后的幼虫将幼苗近地面的茎部咬断,使整株死亡,造成缺苗断垄;老龄幼虫可蛀食果实。

防治方法:深翻土地,清除杂草,清洁田园;用糖醋液或频振式杀虫灯诱杀成虫;利用性诱剂诱杀成虫;3龄前幼虫可用50%辛硫磷乳油1 500倍液灌根,或50%辛硫磷可湿性粉剂制成毒土或颗粒,在作物苗期撒施于作物行间。3龄后幼虫,可采用麦麸式鲜草毒饵诱杀。

(9)蚜虫。

发病规律及危害:多集中在植株顶梢和嫩叶上,造成叶片卷缩,植株矮小,影响开花结实,造成减产。

防治方法:及时清除残株枯叶,深埋或销毁;用黄板诱杀有翅蚜,初期每亩悬挂黏虫板 10～15 片,虫害发生期每亩悬挂黏虫板增加到 20～25 片;或用 50% 甲萘威可湿性粉剂 400 倍液叶面喷施,或 45% 马拉硫磷乳油 1 000 倍液,从叶底往上,均匀喷雾。

(10)红蜘蛛。

发病规律及危害:红蜘蛛又名棉红蜘蛛,一般先从下部叶片开始发病,逐渐向上蔓延。受害叶片表面呈现黄白色斑点,严重时叶片变黄并逐渐干枯,田间呈火烧状,植株提早落叶,影响产量形成。

防治方法:清洁田园,秋末将田间残株落叶烧毁或沤肥,减少红蜘蛛越冬场所。开春后种植前清除田内、田边残余的枝叶及杂草,以消灭在其内越冬的虫源;加强田间管理,特别是在天气干旱时,注意灌溉并结合施肥,促进植株健壮生长,增强抵抗力。可用 1.8% 阿维菌素乳油 3 000～4 000 倍液或 45% 马拉硫磷乳油 1 000 倍液喷雾,每隔 7 天喷洒 1 次,连续防治 2～3 次即可。

(11)豆荚螟。

发病规律及危害:豆荚螟是一种寡食性的害虫,只危害豆科作物。幼虫侵入荚内取食豆粒,使种子丧失发芽力。老熟幼虫在土壤中的丝茧内越冬,入土深度 5～6 厘米,高温干旱时发生严重。

防治方法:合理轮作;收获后及时翻耕,消灭土中的幼虫和蛹;及时清除田间落花、落荚,摘除被害的卷叶和果荚;老熟幼虫入土前,田间湿度高时,可每亩用 1.5 千克白僵菌粉剂或 0.5 千克干菌粉加细土 4.5 千克;或利用成虫的趋光性,进行灯光诱杀。或在成虫盛发期和卵孵化盛期,选用 50% 辛硫磷乳油 1 000 倍液,或 50% 马拉硫磷乳剂 1 000 倍液,或 20% 氰戊菊酯乳油配 2 000～3 000 倍液等喷雾,每隔 7 天 1 次,可喷药 1～3 次。

(二)绿豆精播简化生产技术

1. 整地

(1)免耕灭茬。

小麦收获后,用秸秆还田机切碎并均匀抛撒。

(2)浅旋耕整地。

土壤质地黏重时适耕期较短、耕性差,麦茬应实施耙地或旋耕,将残茬和杂草切碎,并与土壤混合均匀。

2. 播种

(1)品种选择与种子处理。

①品种选择。选用株型紧凑、茎秆直立抗倒、结荚位高度在 20 厘米以上、成熟期一致,叶片大小适中、分枝较少、生长势中等、抗(耐)除草剂,大粒有光泽、抗病、高产的品种。春播可选择潍绿 5 号、潍绿 7 号和中绿 5 号等;夏播可选择潍绿 8 号、潍绿 9 号、冀绿 7 号及绿豆新品系德绿 06～09、德绿 0518 等。

②种子处理。可选用包衣的商品种子;未包衣种子可采用 18% 辛硫磷·福美双种子处理微囊悬浮剂按照 1∶80～1∶110 比例拌种。

(2)播期。

春播一般在 4 月下旬～5 月下旬;夏播 6 月上旬～7 月中旬,6 月 10～20 日为最佳播种时间,不晚于 6 月 30 日,7 月份播种一定要选特早熟绿豆品种。

(3)精量播种。

适墒等行距播种,行距 40～50 厘米,播深 3～5 厘米,深浅一致,覆土均匀。免耕播种机条播,每亩播量 1.5～2 千克;浅旋耕整地单粒(精密)播种机点播,每亩播量 1～1.5 千克。

3. 田间管理

(1)间苗、定苗。

在第一片复叶展开后间苗,在第二片复叶展开后定苗。每亩适宜留苗 0.8 万～1 万株,行距 40～50 厘米,株距 13.5～16.5 厘米。留苗密度根据土壤肥力等因素适当调整。

(2)中耕培土。

利用中耕追肥机一次性完成中耕、培土等作业。

(3)施肥。

每亩施腐熟有机肥 2 000～3 000 千克、尿素 10～12 千克、过磷酸钙 45～50 千克、硫酸钾 9～11 千克。根据土壤肥力的不同,适当增减施肥量,N、P_2O_5、K_2O 按比例 1∶1.14∶1.03 配施。

①基肥。结合旋耕整地,有机肥和化肥总量 60% 的氮肥和全部磷、钾做基肥。免耕田,前茬小麦适量增施有机肥,全部化肥、种肥分离同播。

②追肥。分枝至始花之间追施氮肥的 40%。利用中耕追肥机一次性完成开沟、施肥、中耕、培土等作业。

③叶面施肥。结荚鼓粒期,每亩喷施 0.3% 的磷酸二氢钾和 0.15% 的钼酸铵混合液肥兑水 25 千克,喷雾 1~2 次,间隔 5~7 天,晴天下午喷施。

（4）灌溉与排涝。

充分利用自然降水,分枝期、结荚鼓粒期,田间持水量降到 60% 以下时及时灌溉;遇涝及时排水。

4.防治病虫草害

（1）杂草。

播后苗前防治,每亩用 96% 精异丙甲草胺乳油 100~120 毫升兑水 50 千克,地表喷雾,封闭除草。苗后封垄前防治,每亩用 21% 氟磺·烯草酮可分散油悬浮剂 100~120 毫升或 5% 精喹禾灵乳油 80~100 毫升兑水 30 千克,在绿豆 1~3 片复叶,杂草基本出齐,杂草在 2~4 叶期或株高在 5~10 厘米时进行,向杂草茎叶喷雾。

（2）病害。

种衣剂包衣防治立枯病、炭疽病、根腐病;防治叶斑病、白粉病、锈病,可用 50% 多菌灵可湿性粉剂 600 倍液喷雾,或 25% 嘧菌酯悬浮剂 800 倍液喷雾,或 75% 百菌清可湿性粉剂 600 倍液喷雾;防治病毒病,用 20% 吗啉胍·乙酮可湿性粉剂 500 倍液喷雾。

（3）虫害。

地老虎、蛴螬可通过种衣剂包衣防治;防治豆荚螟、卷叶螟、黏虫、棉铃虫、斜纹夜蛾、甜菜夜蛾、红蜘蛛,可用 1.8% 阿维菌素乳油 4 000 倍液,或 20% 氯虫苯甲酰胺悬浮剂 10 毫升/亩,叶面喷雾;用 50% 甲萘威可湿性粉剂 400 倍液叶面喷施防治蚜虫。

5.适时收获

绿豆成熟期不一致,可以分期收获,减轻损失;也可在绿豆黑荚数与黄荚数达 90% 以上时,用 40% 乙烯利水剂 300 毫升/亩,兑水 30 千克叶面喷雾催熟;7 天后,叶片全部脱落、茎秆变黄枯死,选择适宜机型的联合收割机收获,一次性完成收割、脱粒等流程。

(三)棉花绿豆间作栽培技术

1. 地块选择

选择有机质含量高、土壤结构疏松、水肥条件较好的地块。下一年需在同一地块种植时,可棉花、绿豆倒换行种植,避免重茬。

2. 品种选择

棉花选用抗病性好的抗虫杂交棉或常规棉品种,生育期在 120 天以上、优质、包衣达到国标种子标准。

绿豆选用生长期 70 天左右的优质,高产,早熟,抗病性强,株型紧凑、直立,成熟后不易落荚、裂荚,一次性收获的品种。

3. 整地施肥

棉花播前 15 天左右浇好底墒水,精细整地,耙细耢平,土壤含水量 70% 左右时播种,以确保全苗。

施肥参照棉花缓控释肥种肥同播技术规程,适当增加施肥量,以满足棉花生长前期间作绿豆对肥料的需求。

4. 适期播种

绿豆播前应精细挑选,并晒种 1~2 天,提高发芽率和发芽势,确保一播全苗。绿豆播种适期长,可与棉花同期露地直播、地膜覆盖或错后直播,地膜覆盖较直播产量高且早熟。绿豆采取耧播或精播机播种。绿豆播期过晚会延长棉、豆共生期,影响棉、豆产量。

棉花播前晒种 1~2 天,以打破休眠,提高发芽率和发芽势,确保一播全苗。一般棉花播种期可安排在 4 月中下旬或 5 月初。棉花采用地膜覆盖或露地直播方式。

5. 种植方式

"2~4"式:棉花大小行种植,大行 120 厘米,小行 50 厘米,大行中间种植 4 行绿豆,绿豆行距 20~30 厘米。

"2~2"式:棉花大小行种植,大行 100 厘米,小行 50 厘米,大行中间种植 2 行绿豆,绿豆行距 20~30 厘米。

具体采用何种方式依当地习惯以及棉花、绿豆市场行情而定。

6. 合理密植

棉花留苗密度因品种而异,抗虫杂交棉每亩 2 200~3 000 株,常规抗虫棉每亩 3 000~4 500 株,根据地力、播期、管理水平等适当调整。绿豆行距 20~30 厘米,株距 10 厘米左右,每穴留苗 1～2 株,每亩留苗 8 000～12 000 株。

7. 田间管理

(1)及时放苗、定苗。

棉花出苗后适时放苗是保证苗全苗壮的关键,放苗的原则是放绿不放黄,在子叶由黄变绿时及时放苗,放苗避开中午高温时段,放苗后及时覆土,2～3 叶期定苗。

绿豆于第一片复叶展开时间苗,第二片复叶展开时定苗。单粒精量播种无须间苗、定苗。

(2)及时查苗、补苗。

棉花发现有缺苗断垄情况应及时进行幼苗移栽,绿豆发现有缺苗断垄情况应及时补种。

(3)适时中耕。

苗期中耕要做到勤、深。"勤",就是要做到雨后地板有杂草且危害到棉、豆生长时必锄,保持土壤疏松,无杂草。"深",就是要求行间中耕深度逐渐加深到 10 厘米左右。地湿、地板、苗旺要适当深锄,但天旱、墒情差、苗弱要适当浅锄。为提高效率,可用除草剂去除田间杂草。

(4)水肥管理。

绿豆开花期是需水临界期,花荚期是需水高峰期,此期灌水有增花、保荚、增粒等作用,如果此时干旱,应适当浇水,但切忌大水漫灌,以防锈病发生。

绿豆收获后,山东进入雨季,如遇干旱年份,7 月下旬,棉花花铃期要及时浇水,以促进棉花正常生长。

根外追肥。绿豆根外追肥效果好,可用 0.3% 磷酸二氢钾与 1% 尿素混合液于初花期喷洒一次,间隔 7 天左右喷第二次。

棉花整枝。间作棉田应保留营养枝,实施轻简化栽培,以减少用工,提高效益。同时注意做好棉花化控。

(5)病虫害防治。

绿豆生长期 70 天左右,病虫害大发生概率小,但需防治蚜虫、红蜘蛛等害虫。如需防治地老虎、蝼蛄等地下害虫,可采取药剂拌种的方式预防。棉花需防治蚜虫、红蜘蛛、棉铃虫、盲蝽、粉虱等害虫。

8. 绿豆收获

绿豆在 7 月中上旬收获。当有 70% 绿豆荚变黑时,一次性收获完毕。如有的品种成熟期拖得过长,为防炸荚,可分两批收摘豆荚。棉花进入开花期,要将绿豆一次拔掉或结合培土将豆秧就地翻压,以免影响棉花的生长发育。

9.绿豆收获后棉田管理

(1)肥水管理。

绿豆收获时,棉花将进入开花盛期,棉田应做好肥水管理。重施花铃肥。绿豆收获后,每亩及时施尿素 12.5～15 千克,开沟深施。

(2)适时打顶。

7 月 20 号前后或果枝达 14 个左右时打顶。

(3)化学催熟。

晚发棉田棉花吐絮达 70%以上,于 10 月初喷施化学脱叶催熟剂乙烯利,加快叶片脱落和棉铃吐絮,便于机采或者人工采摘。

注意:若改绿豆为红小豆,宜选生育期在 70 天左右,株型紧凑、抗病、直立的品种。

三、绿豆品种介绍

(一)绿珍珠

绿珍珠是近年从法国引进的一个绿豆稀有品种。中早熟,株高 50～60 厘米,生育期 65 天。茎粗壮,叶肥大,单株有效分枝 5～7 个,单株结荚 70～80 个,花银白色,荚果长 10 厘米。荚粒数 12～14 个。籽粒黑色,有光泽,种脐白色,千粒重 65 克,亩产 150 千克左右。适播期长,4 月中旬至 7 月下旬均可播种,每亩用种量约 1.5 千克,播种后 65 天即可收获。其蛋白质含量比一般绿豆高15.1%,尤其是夏季用黑珍珠绿豆煮汤可消暑降温,其汤颜色墨黑,为首选保健食品。

(二)中绿 1 号

中绿 1 号是中国农业科学院作物品种资源研究所从亚洲蔬菜研究与发展中心引进。属早熟种,夏播生育期 65 天左右。植株直立、紧凑,茎秆粗壮,株高50～55 厘米。主茎 12～14 节,主茎叶腋分生 3～5 个分枝。叶色浓绿,上有茸毛。豆荚长 12～13 厘米,每荚有种子 12～15 粒,荚成熟后呈黑色,荚宽扁、弓形。籽粒大,碧绿晶莹,白脐。粗蛋白含量 24.5%,淀粉含量 55.4%。

适应性广,春、夏播均可。长势较强,结荚集中、上举。抗叶斑病,不早衰,适应性强,生产性能好。麦后复播,与玉米、棉花、甘薯、谷子等作物间作套种均可。

（三）中绿 2 号

中绿 2 号是中国农业科学院作物品种资源研究所从国外绿豆中系统选育而成的优良品种。该品种早熟，夏播生育期 65 天左右。植株直立、抗倒伏，株高约60 厘米，幼茎绿色。主茎分枝 2～3 个，单株结荚 25 个左右。结荚集中成熟且一直不炸荚，适于机械化收获。成熟荚黑色，荚长约 10 厘米，每荚 10～12 粒种子。籽粒饱满、碧绿、有光泽，商品性好，百粒重 6 克左右。种子含蛋白质 23.6%，淀粉 53.5%。

适应性广，高产稳产，抗根腐病、叶斑病和花叶病毒病，春、夏播均可，适于麦后复播，与玉米、棉花、甘薯、谷子等作物间作套种。

（四）中绿 5 号

中绿 5 号是中国农科院作物所选育的早熟高产绿豆品种。夏播生育期 70天左右。株高约 60 厘米，主茎分枝两三个，单株结荚 20 个左右，结荚集中成熟，一直不炸荚，适于机械化收获。成熟荚黑色，荚长约 10 厘米，每荚 10～12 粒种子。籽粒饱满、碧绿、有光泽，商品性好，百粒重 6.5 克左右。高产稳产，每亩产量 100～150 千克。

抗倒伏，抗叶斑病、白粉病，耐旱、耐寒性较好，适应性广。

（五）苏绿 1 号

该品种由中国农业科学院作物品种资源研究所从国外引进的优良品种，江苏省定名为"苏绿 1 号"，广东省定名为"粤引 1 号"，山西省定名为"晋绿 1 号"。中早熟，夏播 75～80 天成熟。幼茎绿色，植株直立、抗倒伏，株高 55 厘米左右。主茎分枝 3～6 个，单株结荚 12～35 个。结荚集中成熟，一直不炸荚，适于机械化收获。籽粒绿色、有光泽，粒大色艳，含蛋白质 20% 左右、脂肪 0.8%、淀粉50.6%。适合做粉丝、粉皮及出口商品。

耐湿、耐寒性好，抗叶斑病、耐病毒病，适应性广。

（六）冀绿 2 号

冀绿 2 号是河北省保定市农业科学研究所通过有性杂交育成，生育期 65～70 天，属早熟品种。株型直立、紧凑，自封顶，顶部结荚。叶色浓绿，花黄色，荚黑色、籽粒绿色、有光泽。主茎高 52～57 厘米，分枝 2.7～3.3 个，单株结荚 24.6～32.5 个，荚长 10 厘米左右，每荚 10～13 粒种子，单株粒重 15～18 克，千粒重57.7 克。籽粒含粗蛋白 28.66%、粗淀粉 48.57%。

中抗叶斑病,抗白粉病和锈病。不落荚,不炸荚,适于机械收割。抗旱,耐涝、耐瘠薄,丰产性、稳产性好,适应性广。

(七)冀绿 13 号

冀绿 13 号由河北省农林科学院粮油作物研究所杂交选育而成,早熟绿豆新品种。适宜北方春播区和夏播区种植。有限结荚习性,直立生长,春播区平均株高 49 厘米,主茎分枝 3.7 个,主茎节数 8.4 个,单株荚数 31 个,荚长 9.5 厘米,荚粒数 11 个,千粒重 58 克。夏播区平均株高 51 厘米,主茎分枝 2.4 个,主茎节数 10.9 节,单株荚数 31 个,荚长 9 厘米,荚粒数 10 个,千粒重 61 克。适应性广。

(八)潍绿 1 号

潍绿 1 号是潍坊市农科院利用当地品种"夹秆括角"与亚蔬绿豆 VC2719A 杂交育成的绿豆品种。极早熟,夏播生育期 60 天左右。直立紧凑,株高 32～55 厘米。单株结荚 25 个左右,百粒重 4.5 克,种皮绿色、无光泽。抗旱、耐盐、耐瘠、抗叶斑病和花叶病毒病。夏播亩产 150 千克左右、春播亩产 175 千克左右。

(九)潍绿 4 号

潍绿 4 号是由潍坊市农业科学院杂交选育而成。植株直立,株型紧凑,有限结荚。幼茎绿色,花黄色,荚黑色。主茎高 44 厘米左右,主茎节数 7.9 个,主茎分枝 2.6 个,单株结荚数 21 个以上。荚长 8.5 厘米,单荚粒数 10.3 个,千粒重 55.4 克。籽粒绿色、有光泽。籽粒含粗蛋白 22.40%、粗淀粉 45.08%。较抗叶斑病和花叶病毒病,适于夏播种植。

(十)潍绿 7 号

潍绿 7 号是由潍坊市农业科学院杂交选育而成。植株直立,株型紧凑,有限结荚习性。区域试验结果:夏播全生育期 62 天,株高 59 厘米,主茎节数 8.8 个,单株分枝数 1.7 个,单株荚数 18.1 个,单荚粒数 10.8 个,籽粒短圆柱形、绿色、无光泽,千粒重 59.5 克。

2008 年经农业部食品质量监督检验测试中心(济南)分析:淀粉含量51.8%,粗蛋白含量 26.5%。夏播适宜密度为每亩 12 000～16 000 株。

(十一)潍绿 8 号

潍绿 8 号是由潍坊市农业科学院杂交选育而成。植株直立,株型紧凑,有限结荚习性。夏播全生育期 62 天,株高 61 厘米,主茎节数 8.8 个,单株分枝数 1.3 个,单株荚数 18.3 个,单荚粒数 10.7 个,籽粒短圆柱形、绿色、有光泽,千粒重

52.8 克。

2008 年经农业部食品质量监督检验测试中心(济南)分析:淀粉含量 48.5%,粗蛋白含量 28.4%。夏播适宜密度为每亩 12 000～16 000 株。

(十二)八五绿豆

八五绿豆是河南省农业科学院粮食作物研究所从卢氏毛绿豆变异株中选育而成。植株丛生,株高 65～85 厘米。主茎叶腋分生 5～6 个分枝,自第六、第七叶腋开始着生花梗,每花梗结荚 6～18 个。荚长 8 厘米左右,每荚有种子 12～13 粒。籽粒绿色,无光泽。百粒重 3.6 克,籽粒粗蛋白含量 27%,淀粉含量 58%。茎秆含氮 1.3%、磷 0.3%、钾 2.4%。属早熟种,生育期 72～77 天。分枝发达,枝叶繁茂。

抗逆性较强,耐旱,耐肥,不抗倒伏,单产籽粒 100 千克,产鲜草 1 800～2 000千克,既是粮用品种,又是绿肥品种。

(十三)豫绿 4 号

豫绿 4 号由河南省农业科学院粮食作物研究所选育。有限结荚,株型直立,主茎高 50 厘米左右,幼茎紫色,主茎节数 9 个,主茎分枝 1.8 个,荚黑色,单株荚数 17.2 个,单荚粒数 10.2 个,千粒重 72.1 克。籽粒绿色有光泽,长圆柱形。中熟,生育期 70 天左右。籽粒含粗蛋白 26.50%,粗脂肪 0.62%,粗淀粉 48.55%。

抗倒,耐旱,耐涝,抗叶斑病、白粉病和枯萎病。一般亩产 100 千克左右。适宜夏播种植。

(十四)豫绿 5 号

豫绿 5 号由河南省农科院粮食作物所选育而成。该品种株型直立、不拖蔓、籽粒碧绿,后期灌浆速度快,籽粒饱满美观,为圆柱形。生育期 57 天左右,一年可种两茬,是我国早熟的优良绿豆品种之一。株高一般 70 厘米,百粒重 6.6 克,亩产可达 150～200 千克。籽粒蛋白质含量 26.13%,粗淀粉含量 50.69%,粗脂肪含量 1.06%,适宜做粉丝和粉条制品,商品性特好,适宜原粮出口创汇。

高抗根结线虫病,抗白粉病,中抗叶斑病,不抗枯萎病,具有较强的抗旱性、耐涝、耐瘠性,抗倒伏能力强。

(十五)豫绿 6 号

豫绿 6 号由河南省农科院粮食作物所选育而成。生育期 55 天左右,一年可种植 2～3 茬。株高 46 厘米,耐密植,秆较粗,抗倒伏能力强。籽粒较小,百粒重

5.6克,有限结荚习性,结荚集中,不炸荚,适合一次性收获。籽粒粗蛋白含量25.5%,粗脂肪含量1%,粗淀粉含量44.5%,非常适合生豆芽。

抗根结线虫病、花叶病毒病、锈病和白粉病,中抗叶斑病,耐枯萎病。一般亩产150~200千克。

(十六)晋绿豆7号

晋绿豆7号由山西省农业科学院作物科学研究所选育。春播80天,夏播65天。生长势强,株型直立,幼茎绿色,茎上有灰白色茸毛,主茎10~12节,株高50厘米,主茎分枝2~3个,成熟茎褐色,复叶卵圆形,花黄色,成熟荚为黑色硬荚、圆筒形,单株荚数20个,单荚粒数10~11个,籽粒椭圆形,种子表面光滑,种皮绿色,有光泽,百粒重6.5克。

抗旱、抗病性较好,高抗绿豆象。

第三节　豌豆及绿色高效生产技术

豌豆是豆科一年生攀缘草本植物,高0.5~2米。全株绿色,光滑无毛,被粉霜。叶具小叶4~6片,托叶心形,下缘具细牙齿。小叶卵圆形;花于叶腋单生或数朵排列为总状花序;花萼钟状,裂片披针形;花冠颜色多样,随品种而异,但多为白色和紫色。子房无毛,花柱扁。荚果肿胀,长椭圆形;种子圆形,青绿色,干后变为黄色。

原产地中海和中亚细亚地区,是世界重要的栽培作物之一。种子及嫩荚、嫩苗均可食用;种子含淀粉、油脂,可作药用,有强壮、利尿、止泻之效;茎叶能清凉解暑,并做绿肥、饲料或燃料。法国是世界上最大的干豌豆生产国,加拿大居第二,中国居第三。中国干豌豆生产主要分布在甘肃、河北、内蒙古、陕西、山西、青海、四川、河南、湖北、江苏、云南、西藏等省区。青豌豆和荷兰豆主要产区位于大、中城市附近。

一、豌豆的营养及开发利用

(一)豌豆的营养

豌豆富含蛋白质、碳水化合物、矿质营养元素等,具有较全面且相对均衡的营养(见表5-1)。干豌豆子叶中所含的蛋白质、脂肪、碳水化合物和矿质营养分别占籽粒中这些营养成分总量的96%、90%、7%和89%。豌豆蛋白质中清蛋白、球蛋白和谷蛋白分别占 21％、66％和 2％。据报道,豌豆蛋白的生物价(BV)为 48％～64％,功效比(PER)为 0.6～1.2,高于大豆。豌豆籽实营养丰富,含蛋白质 23.4％、脂肪 1.8％、碳水化合物 52.6％,还含有胡萝卜素、维生素 B_1、B_2等;鲜嫩的茎梢、豆荚、青豆是备受欢迎的淡季蔬菜。

表 5-1　豌豆的营养成分(每 100 克含量)

营养成分	干豌豆粒	青豌豆粒	荷兰豆荚
水分/克	8～14.4	55～78.3	83.3
蛋白质/克	20～24	4.4～16	3.4
脂肪/克	1.6～2.7	0.1～0.7	0.2
碳水化合物/克	55.5～60.6	12～29.8	12
粗纤维/克	4.5～8.4	1.3～3.5	1.2
灰分/克	2～3.2	0.8～1.3	1.1
维生素 B_1/毫克	0.68～1.27	0.11～0.4	0.31
维生素 B_2/毫克	0.19～0.36	0.04～0.31	0.15
烟酸/毫克	2～4	0.17～3.1	2.5
叶酸/毫克	7.5	—	—
胆碱/毫克	235	—	—
维生素/毫克	4～9	9～38	25
胡萝卜素/毫克	3.2～37.4	0.15～0.33	0.3
维生素 PP/毫克	0.04～0.55	—	—
钙/毫克	68～118	13～63	20
磷/毫克	307～471	71～127	80
铁/毫克	4.4～8.3	0.8～1.9	1.5
热量值/千焦	1.35～1.45	0.33～0.67	0.22

豌豆性味甘平,有和中下气、利小便、解疮毒的功效。豌豆煮食能生津解渴,通乳,消肿胀。鲜豌豆榨汁饮服可治糖尿病。豌豆研磨涂患处,可治痈肿、痔疮。青豌豆和食荚豌豆含丰富的维生素 C,可有效预防牙龈出血,预防感冒。

(二)豌豆的开发利用

1. 风味食品

如豌豆黄、豌豆糕类食品,香甜可口,益脾胃,解热祛毒。豌豆食品具有清热、解毒、利尿的功效,对糖尿病和产后乳汁不足的患者有比较好的功效。也可制作烙炸类休闲食品。

2.青豌豆、食荚豌豆加工

可制作罐头、脱水、速冻。其中速冻青豌豆和食荚豌豆是欧美和东南亚国家普遍食用的豆类蔬菜,近年来在我国大、中城市居民的膳食中也开始普及。

3.干豌豆制品

精细磨粉,选用光滑圆粒豌豆做原料,采用特定机结合工艺将豌豆粒的种皮、子叶和胚芽三部分除种皮外的部分磨成细粉,也可直接磨粉使用,豌豆粉可进一步加工制成豌豆粉丝。

4.豌豆苗的开发与利用

豌豆苗是一种没有污染、营养丰富、风味独特的高档绿色蔬菜。生产豌豆苗有水培和固体基质栽培两种方法。豌豆苗的生产可采用周转箱工厂化批量生产,也可一家一户自产自用。

二、豌豆栽培技术

(一)豌豆高产栽培技术

1.选择良种

栽培品种选择除考虑产地生态环境条件外,还要满足外贸出口对品质的要求,以发展优质大粒型干豌豆为主,也可适当发展鲜豌豆生产。

2.种子处理

一般在播种前晒种1~2天,用适宜药剂浸种或拌种(按药品说明的标准计量和方法使用)。对于弱冬性品种,一般需要春化处理,将种子催芽后低温保存,促进种子提早萌发,强化生殖生长能力。

3.整地施肥

选择地势平坦、土层深厚、土质疏松、肥力中上、土壤理化性状良好、排灌方便、不重茬和上茬未种过豆科作物的田块。施肥以"重施基肥,增施磷肥,看苗施氮,分次追肥"为原则。播种时要施足底肥(有机肥和氮磷肥),对土壤肥力较低的地块,亩施15千克复合肥(10∶10∶10),然后再进行覆膜。地下害虫较重地块用适宜的土壤杀虫剂与复合肥混合撒施后再覆膜。

4.适期播种

2月底至3月初春播,或10月底11月初秋播。

5.合理密植

行距 40～60 厘米。株距根据品种适宜密度确定,种子间距均匀一致。播种深度 3～5 厘米,墒情适宜时浅播,墒情不足时要适当深播。覆土厚度均匀一致,不露种。播种的适宜土壤水分含量为 19%～20%。

6.田间管理

(1)苗期管理。

遇土壤板结要及时破土引苗。出苗 2～3 叶后开始间苗,除去病、弱、杂苗;4～5 叶进行定苗,每穴留苗 1 株。

(2)中耕除草。

幼苗进入分枝期后,进行第一次田间破膜中耕除草,尽量保持地膜完整,破损处用细土封闭。初花期进行第二次除草,之后视田间杂草生长情况而定,杂草多时可在盛花期再人工除草一次。

(3)适时追肥。

追肥的最佳时期为初花期,采用追肥枪或打孔一次性施入磷、钾肥,一般亩追施过磷酸钙 40 千克、硫酸钾 25 千克。初花期后通过叶面喷施 0.5%～0.8% 磷酸二氢钾溶液 2～3 次,每次喷肥量以充分湿润叶片表面、不滴水为宜。

(4)摘心打尖。

在花荚期开花 10～12 台、豌豆苗 30 厘米左右时,适时摘除心叶,以促进侧枝生长、增加开花结荚率。摘心过早,营养生长过旺,抑制花的分化与发育,结荚率低;摘心过晚,易徒长倒伏。

(5)灌水。

有条件的地区在盛花期后、籽粒灌浆期,根据膜下土壤湿度情况灌水 1～3 次,以膜下土壤用手捏紧松开后不散开为宜。

(6)病虫害防治。

花荚期是病虫害发生的高峰期,应加强叶部病害和豌豆象、蚜虫等虫害的防治。

(7)适时收获。

茎叶发黄变枯干、80% 的中上部荚变黑时及时收割,打碾脱粒,防止雨水浸泡造成籽粒变色发芽,影响品质。

(二)豌豆—水稻轮作栽培技术

选择顶端卷须短而少、生长速度快、抗病、质优、高产的豌豆品种,于 2 月底至 3 月初播种,5 月中上旬上市,水稻插秧前半个月采收完毕,收获后的秸秆粉碎发酵后翻入土中。水稻选择生长期短、品质优良的品种,4 月下旬~5 月上旬开始育苗,5 月下旬~6 月上旬插秧,9 月下旬收割。

1. 豌豆栽培技术

(1)种子选择及处理。

应选粒大、整齐、饱满和无病害的籽粒。播前晒种 2~3 天。

(2)播种。

播量 10~15 千克/亩。于 2 月底至 3 月初条播,行距 30~40 厘米,播种深度 5 厘米左右,适度镇压,使种子与土壤接触,有利于种子吸水萌动。

(3)田间管理。

苗期生长缓慢,一般进行两次锄地中耕除草:第 1 次在苗高 5~7 厘米时,第 2 次在苗高 20~30 厘米时,开花期前结束。

豌豆茎蔓易倒伏,凡栽培蔓生品种应搭架。当蔓长 20~30 厘米时及时搭架,并随时埋蔓,使茎蔓分布均匀,避免茎蔓倒挂和相互缠绕,以利通风透光,易于结荚。

(4)豌豆秸秆发酵技术。

在水稻插秧前半月收获完豌豆,先用 EM、ETS(以光合菌、乳酸菌、酵母菌为主体的多种有益微生物)复合微生物溶剂喷洒豌豆秧,包括豆荚,然后用旋耕机粉碎翻入土壤中,再喷洒一遍秸秆发酵剂或有机质发酵剂,10~15 天后浇水准备插秧。

2. 水稻栽培技术

(1)品种选择。

水稻选择生长期短、品质优的品种,如圣稻 14 号、圣稻 19 号、圣香粳 2572、黑香糯等。

(2)育苗。

4 月下旬到 5 月上旬育苗。种子先用 300 倍芽孢菌素或 0.1%~0.2%高锰酸钾溶液浸泡 2~3 小时,然后用清水浸泡 2~3 天,每天淘洗 3~4 次。3 天后将种子淘洗干净,用湿麻袋把种子包好,24 小时即可催出稻芽。摊开种子,在自然条件下炼芽 1 天后即可播种。播后喷洒 300~500 倍芽孢菌素或多抗霉素。晴天中午温度高时可适当加盖遮阳网,防止高温烤苗,出苗后注意通风降温,以防幼苗徒长。水稻秧苗在秧龄达到 35~45 天,主茎叶 5~7 片,叶直不披、叶色绿中透黄,株高 15～20 厘米,有 1～2 个分蘖,茎基扁粗有弹性,白根及根原基较多时即可插秧。

(3)整地施肥。

豌豆收获后,每亩施充分腐熟的土杂肥 2 500～3 000 千克、生物有机肥 100 千克、生物菌肥 15～30 千克做基肥,同发酵处理的豌豆秧一起先旋耕粉碎,然后浇水抹平。

(4)插秧。

时间是 5 月下旬～6 月上旬,株行距 20 厘米×25 厘米,每穴 5～7 株。

(5)追肥。

移栽后 10 天左右追施提苗肥以促进有效分蘖,孕穗期追施攻粒肥,以提高结实率,促进籽粒饱满。

(6)合理灌水。

水稻生长期间,为增强根系吸收能力,促进水稻健壮生长,水分管理上以“增氧通气、养根活根”为原则。返青期适当深水灌溉,有利返青。孕穗期、始穗期至齐穗期保持浅水灌溉,灌溉条件较好的地区则以保持湿润为主。分蘖期要求浅水促蘖,分蘖后期宜适当晒田控蘖,减少无效分蘖,增加通透性,促进水稻生长健壮,在晒田控蘖时不宜重晒,干旱季节要抗旱灌水,以免脱水影响稻米的外观品质和食用品质。灌浆成熟期要做到干湿壮籽;黄熟期排水晒田,促进成熟;收割时,做到田间无水,以免稻谷浸泡在水中影响米质。

(三)豌豆苗(尖)菜栽培关键技术

1. 浸种催芽

将豌豆种子用清水淘洗干净后,浸泡 12～24 小时,水量是种子量的 2～3 倍,待种子吸水膨胀后,捞出用湿布包好,在 20～25 ℃的条件下催芽,每天翻动2～3 次。

2. 整地、播种

豌豆根系较弱,应选择土质疏松、排灌方便、有机质丰富的地块进行栽培,整地时适当深耕细耙。

底肥以有机肥为主,增施磷、钾肥,每亩施腐熟农家肥 3 000 千克左右、过磷酸钙 20～25 千克。精耕后整理成 1.3 米宽的平畦,保护地内最好做成小高畦,按行距 20 厘米、株距 3～5 厘米进行直播,播后覆土 2～3 厘米,压实。

3.田间管理

播种后要浇透水,促进出苗,一般 10 天左右浇 1 次水,每次浇水量不宜过大,根据生长期不同,随水追肥 1～3 次,主要以氮肥为主。春秋季节保护地生产需盖遮阳网降温,最好棚内温度长时间保持在 18～24 ℃,以利于苗菜茎秆粗壮,纤维含量少,口感细嫩。小水勤浇,防止土壤过干过湿,以促进嫩梢肥大,提高产量。生长期间要注意除草,杂草多的地块可在播后出苗前施用乙草胺等化学除草剂,进行封闭灭草。

4.适时采收

豌豆苗在气候条件合适时生长迅速,应及时采收,防止老化,当幼苗长到 7～8 片叶时开始采收植株上部嫩梢,之后 15 天左右可再采收分枝嫩梢。每次采收后根据地力情况适当追肥,每亩追施尿素 10～15 千克,并浇足水。

(四)主要病虫害及其防治

1.病害

主要包括白粉病、根腐病等病害,栽培上应采用综合防治措施,以防为主。

防治白粉病主要在开花期和结荚期。每亩喷 50%硫黄悬浮剂 600 倍液或 15%三唑酮可湿性粉剂 1 500～2 000 倍液。预防根腐病主要在开花前,根腐病用 77%氢氧化铜(可杀得)可湿性粉剂 500 倍液,或 50%多菌灵可湿性粉剂 1 000 倍液,或 70%代森锰锌可湿性粉剂 1 000 倍液灌根防治。或 50%多菌灵 500 倍液,或 70%托布津 500 倍液喷施根茎部,每 10 天进行 1 次,连续进行 2～3 次。

2.虫害

主要有小地老虎、蚜虫、豆秆蝇和潜叶蝇。在畦沟内喷施 700 倍液的 50 辛硫酸或者 1 100 倍液的农地乐,灭杀小地老虎、豆秆蝇和潜叶蝇。在豌豆开花期与结荚期防治潜叶蝇和豆秆蝇可以采用 1 200 倍液的锐劲特或者锐丹或者 4 000 倍液的 75%灭蝇胺。

(1)豌豆蚜虫。

可用 50%氧化乐果乳剂 100～1 500 倍液,每亩用药 30～40 千克喷雾;用 50%马拉硫磷乳剂 2 000 倍液,每亩用药液 2～2.6 千克喷雾,均有较好的防效。如田间蚜虫不多,而又发现有七星瓢虫,可不喷药或暂缓喷药。

(2)豌豆象。

有种子处理和田间防治两种方法。种子处理又有以下 3 种常用方法:①豌豆脱粒晒干后,集中在仓库内用氯化苦或磷化铝密封熏蒸,气温在 20 ℃以上时需 3 天,气温低于 20 ℃时需熏蒸 4～5 天。氯化苦用量每立方米 30～40 克,磷化铝参考用量每立方米 9～12 克。蒸后两周内残毒就能散尽。②用囤贮放豆种。豌豆种子收获后,择晴热天气将种子暴晒 1～2 天,种子含水量降至 13％以下时趁热装在内,利用高温密闭 15～20 天,杀死豆粒内的幼虫。③开水烫种。用篮子盛种在沸水中浸泡 20～30 秒取出,立即在冷水中浸一下,摊开晒干后贮藏。在豌豆象越冬虫量大的秋播地区,需在豌豆开花,越冬成虫产卵前,于田间喷洒马拉硫磷乳剂。

(3)豌豆潜叶蝇。

采用药剂防治,常用的方法有两种:①诱杀成虫。在山芋或胡萝卜的 5 千克煮液中加入 90％晶体敌百虫 2.5 克制成诱杀剂,每平方米面积内点喷豌豆 1～2 株,每隔 3～5 天点喷一次,共喷 5～6 次。②防治幼虫。用 90％晶体敌百虫 1∶1 000 倍药液,根据田间虫情及时进行喷雾,共喷 1～2 次。

三、豌豆品种介绍

(一)中豌 4 号

中豌 4 号是菜饲兼用豌豆,由中国农业科学院畜牧研究所杂交选育而成。

中豌 4 号株高 55 厘米左右,茎叶浅绿色,花冠白色,单株结荚数 6～8 个,冬季单株结荚数达 10～20 个。嫩豆粒浅绿色,干籽粒黄白色,圆形,光滑,属中粒种。种皮较薄,品质中上等。早熟,华北地区从播种至采收青荚约 70 天。2 月底至 3 月中上旬播种,5 月中上旬可陆续采收青荚。适应性强,耐寒,较抗旱,后期较抗白粉病。稳产性能好,在中等肥力的土壤上亩产青荚 600～800 千克,干籽粒 150～200 千克。

(二)中豌 6 号

中豌 6 号是早熟高产豌豆新品种,由中国农业科学院畜牧研究所杂交选育而成。

株高 40～50 厘米,茎叶深绿色,白花,硬荚。春播分枝少,单株荚果 5～8 个。干豌豆为浅绿色,百粒重 25 克左右。鲜青豆百粒重 52 克左右,青豆出仁率 47.8％。从出苗至成熟 66 天左右。生长势强,抗寒、耐旱(苗期对水分需要较少,现蕾开花到结荚鼓粒期需水较多)。对温度适应范围较广,喜冷凉湿润气候,幼苗较耐寒,但花及幼苗易受冻害,生长期适温 15～18 ℃,结荚期需 20 ℃,若遇高温会加速种子成熟,降低产量和品质。

（三）中豌 7 号

中豌 7 号是早熟品种，由中国农业科学院畜牧研究所选育而成。

籽粒绿色，种皮光滑，圆球形。株高 50 厘米左右，茎叶浅绿色，白花，硬荚，花期集中。单株荚果 7～11 个。多的达 15 个以上，荚长 6～8 厘米，荚宽 1.2 厘米，荚厚 1 厘米，单荚 5～7 粒，干豌豆百粒重 18 克左右。鲜青豆百粒重 35 克左右，青豆出粒率 47％左右，亩产青荚 400 千克左右。抗寒、抗旱性强。干豌豆含水 10.95％、粗蛋白 23.49％、粗纤维 6.04％、粗脂肪 0.86％、粗灰粉 2.81％、无氮浸出物 55.85％。青豆风干物中含粗蛋白质 22.84％。

（四）品豌 1 号

中豌 1 号是由中国农业科学院作物品种资源研究所从英国 1341 豆中筛选育成。矮茎，株高 30～50 厘米，白花，始荚位于第六、七节。单株荚果 10～12 个，单荚 5～6 粒。干豌青豆白色凹圆，百粒重 17～20 克，适于单作或与玉米、棉花、向日葵等间套作或复种。干豌豆亩产 150～200 千克，青豌豆荚亩产 800 千克左右，表现早熟高产。

（五）品豌 2 号

中豌 2 号是由中国农业科学院作物品种资源研究所引进的推广品种。株高 60～70 厘米，白花，硬荚，荚长 6～7 厘米，单株荚果 20～25 个，单荚 4～5 粒，干豌豆白色，光滑圆形，百粒重 25 克左右。北京生育期 90 天左右。干豌豆每公顷产 3 000 千克左右。

（六）白玉豌豆

白玉豌豆是江苏省南通市地方品种。该品种株高 100～120 厘米，分枝性强，白花，硬荚。始花在 10～12 节，荚长 5～10 厘米，荚宽 1.2 厘米，单荚 5～10 粒。种子圆球形，嫩时浅绿色，成熟后黄白色，光滑。可采取嫩梢或鲜青豆食用，也可速冻和制罐，干豌豆可加工食品。耐寒性强，不易受冻害。

（七）食荚大菜豌 1 号

食荚大菜豌 1 号由四川省农业科学院作物研究所复合杂交选育而成。株高 70 厘米左右，茎粗节密，叶深绿色，白花。单株荚果 11～20 个，嫩荚翠绿色，扁长形。鲜荚长 12～16 厘米，荚宽 3 厘米，单荚重 8～20 克。从出苗至采收嫩荚 45～50 天，亩产 700～1 000 千克。嫩荚品质优良，味美可口。

（八）白花小荚

白花小荚由上海市农业科学院园艺研究所从日本引进。株高 130 厘米，蔓生，白花。嫩荚绿色，荚长 7 厘米左右，荚宽 1.5 厘米左右。嫩荚品质佳，商品性好，是江浙地区速冻出口的主栽品种。抗寒、抗热、抗病虫能力强。

（九）青荷 1 号

青荷 1 号是大荚荷兰豆，是由青海农林科学院作物所经有性杂交选育而成。

矮茎，直立生长，株高 80 厘米左右。甜荚，剑形，绿色，长 12 厘米，宽 2 厘米。单株平均 15 个荚，每荚 5 粒。露地种植时每亩保苗 2 万～2.5 万株，大棚种植时每亩保苗 1.6 万～1.7 万株。行距 30～40 厘米，每隔 4～5 行空 50 厘米宽行，以便于采摘。

（十）无须豆尖 1 号

无须豆尖 1 号是由四川省农业科学院作物研究所选育的食苗豌豆品种，适合豌豆工厂化栽培。

植株蔓性，蔓长 1.3～1.6 米。生长迅速、旺盛，茎粗壮，叶片厚，顶端无卷须。花白色。干豆粒扁圆形，白色。生长期内可连续采食嫩梢 8～10 次。嫩梢色泽碧绿，茎肥叶厚，质地柔嫩，味甜清香，品质极佳。亩产 800～1 000 千克。较耐白粉病和菌核病。

（十一）甜脆豌豆（87－7）

甜脆豌豆（87－7）是由中国农业科学院蔬菜花卉研究所从国外引进的品种。

株高约 42 厘米，矮生直立，分枝 12 个，白花，嫩荚淡绿色，圆棍形。单株荚果 8～10 个，荚长 7～8 厘米，荚宽 1.2 厘米。早熟，从出苗到采收嫩荚 51～53 天，从播种到收嫩荚 70 天。丰产性好，嫩荚亩产 750 千克。嫩荚脆甜，品质优良。适于华北、东北、华东、西南等地区种植。

第六章 禾本科杂粮及绿色高效生产技术

第一节 荞麦及绿色高效生产技术

荞麦,别名净肠草、乌麦、三角麦,是蓼科荞麦属,一年生或多年生草本植物。茎直立,高 30～90 厘米,上部分枝,绿色或红色,具纵棱,无毛或于一侧沿纵棱具乳头状突起。叶三角形或卵状三角形,长 2.5～7 厘米,宽 2～5 厘米,顶端渐尖,基部心形,两面沿叶脉具乳头状突起。花序总状或伞房状,顶生或腋生,花序梗一侧具小突起。

荞麦有两个栽培种,甜荞(普通荞麦)和苦荞(鞑靼荞麦)。我国荞麦种植历史悠久,是世界荞麦主产国之一,种植面积和产量均居世界前列。分布广泛,南起海南省的三亚市,北至黑龙江省;东起浙江、安徽一带,西至新疆的塔城市及西藏的札达县,几乎遍及全国。其中甜荞主要分布在我国东北、华北和西北地区。而苦荞产区主要集中在我国西南地区,如云南、贵州和四川等省。统计资料显示,2017 年全世界荞麦种植面积达到 100 公顷以上的国家共 28 个,种植总面积达到 3 940 526 公顷,总产量为 3 827 748 吨。我国种植面积最大,约 1 683 615 公顷。

一、荞麦的营养价值与开发利用

(一)荞麦的营养价值

荞麦营养丰富,且含有其他禾谷类粮食缺乏的黄酮类化合物,被誉为"五谷之王",是集保健、营养、治疗于一体的健康食品,其中苦荞麦药用价值尤为显著,其黄酮类化合物可用于治疗炎症性疾病、高血压、白血病和糖尿病等疾病,是功能性食品原料和日常膳食替代品。

荞麦的谷蛋白含量很低,主要的蛋白质是球蛋白。荞麦所含的必需氨基酸中的赖氨酸含量高而蛋氨酸的含量低,氨基酸模式可以与主要的谷物(如小麦、玉米、大米的赖氨酸含量较低)互补。荞麦的碳水化合物主要是淀粉,颗粒较细小,具有容易煮熟、容易消化、容易加工的特点。荞麦含有丰富的膳食纤维,其含量是一般精制大米的 10 倍;荞麦含有的铁、锰、锌等微量元素也比一般谷物丰富,还含有 B 族维生素、维生素 E、铬、磷、钙、铁、赖氨酸、氨基酸、脂肪酸、亚油酸、烟碱酸、烟酸、芦丁等。

荞麦含有很高的药用成分——生物类黄酮,苦荞尤甚。芦丁在荞麦中含量较高,甜荞含量在 0.02%～0.798%,苦荞在 1.08%～6.6%。除荞麦籽粒外,其茎、叶、花中也含有类黄酮,甜荞茎、叶类黄酮含量分别为 0.54%、4.11%,苦荞茎、叶类黄酮含量分别为 0.38%、5.02%。苦荞籽粒中还含有苦味素,具有清热解毒、消炎的作用。

(二)荞麦的开发利用

荞麦的食用方法有许多,全国各地传统的荞麦风味小吃有几十种,但其主要的荞麦食品有面条、焙饼、煎饼、荞酥、荞麦挂面、通心粉、方便面、饼干以及以荞麦为主要原料制作的疗效粉、食用醋、酱油、化妆品及酒类产品。国内还利用苦荞麦或其提取物配以果蔬等加工成固体或液体功能性饮料,如苦荞茶、苦荞滋补饮料,是治疗和预防糖尿病、高血脂、高血压的理想保健食品或饮品。另外,荞麦苗也可当作蔬菜来食用,风味独特,是理想的保健和绿色食品。

1. 苦荞芽

苦荞芽是苦荞麦经过萌发后的产品,萌发后苦荞芽总黄酮含量显著升高。也有人通过苦荞麦萌芽试验,发现苦荞麦种子叶绿素 A 和叶绿素 B 的含量随着萌发时间的延长而显著升高,苦荞麦在萌芽 88 小时后总酚类化合物含量显著增加,并且表现出更强的抗氧化活性。总之,萌发后的苦荞芽有益成分明显升高,是一种良好的功能性食品原料,具有强大的市场开发潜力。

2. 苦荞粉

苦荞粉是目前苦荞麦最普遍的加工产品,是多种苦荞麦功能性食品开发的原料。研究发现,不同研磨方式对苦荞麦的影响各不相同,经过湿磨后的苦荞粉总酚含量和抗氧化活性最高;苦荞超微粉适合作为食品深加工原料,苦荞湿磨粉适合冷冻食品加工。苦荞石磨粉适合慢消化食品加工;钢磨是苦荞普通食品用粉的首选方式;采用气流分级式冲击磨技术制得苦荞微粉,能显著改善苦荞粉的加工特性和理化特性。

3. 苦荞面条

苦荞面条是一种营养价值高的膳食替代品,与普通荞麦面条相比,苦荞面条含有丰富的总酚和黄酮类化合物,面条中添加 10%～60% 苦荞麦粉可使面条具有更高的烹饪品质、黄酮含量和抗氧化活性。

4.苦荞面包

苦荞面包具有低热量、高营养、富含黄酮和高抗氧化性等特点,深受人们喜爱。苦荞面包在制作过程中,活性成分含量会出现不同程度的变化。苦荞面包经过焙烤后,芦丁含量显著降低而槲皮素含量保持不变,苦荞面包在发酵过程中,苦荞麦芦丁转化为槲皮素,经过高温焙烤后的苦荞面包仍能保留大部分槲皮素。

5.苦荞茶

随着当前糖尿病、高血压等疾病的快速蔓延,具有一定治疗功效的苦荞麦及其各种加工产品深受广大消费者喜爱。苦荞茶是通过筛选、烘干、浸泡制成的一种饮品,近年来因其独特的风味和强大的保健功能而越来越受人们欢迎。根据不同的原材料和加工方式,主要有造粒型苦荞茶(以苦荞麦麸和苦荞粉为原料,添加其他成分,经挤压等工序制成)和全麦苦荞茶(以完整脱壳苦荞麦为原料,不添加任何成分)。研究发现造粒型苦荞茶的蛋白质含量比全麦苦荞茶高,总黄酮含量比全麦苦荞茶高。

二、荞麦高效栽培技术

(一)耕作

荞麦对土壤的要求不太高,但为了保证产量,应对土地进行耕作处理,必须在播种前耕耙灭茬,消灭坷垃,保持土壤水分,消灭田间杂草,以保证荞麦苗全、苗壮,根系发育良好。前茬为豆类或者马铃薯、谷物类等较好,前茬为向日葵茬或者重茬时不宜种植;土壤选择疏松的沙壤土较好。

(二)播种

1.品种选择

应选择高产、优质、抗性强的品种,要保证种子质量,提高出苗率和出苗质量。在选种时,尽量不要选择成活率较低的陈旧种子,要选择成活率较高的品种。隔年的留种需要去除杂质、精细挑选。

2.种子处理

(1)晒种。

能提高种子的发芽势和发芽率,改善种皮的透气性和透水性,促进种子后熟,提高酶的活力,增强种子的生活力和发芽力。晒种时间一般选择播前 7～10 天的晴朗天气。

(2)浸种。

用 35 ℃温水浸种 15 分钟或用 40 ℃温水浸种 10 分钟,或用 5%～19%的草木灰浸种,均能获得良好的效果。用微量元素溶液如钼酸铵(0.005%)、高锰酸钾(0.1%)、硼砂(0.03%)浸种也可促进荞麦幼苗的生长并能提高产量。浸种后要晾干。

(3)药剂拌种。

防治荞麦地下害虫和病害极其有效的措施——药剂拌种,一般在晒种和选种之后进行。

3. 播期

根据土壤墒情和品种成熟期适期播种,可 5 月中下旬春播,也可 7 月中下旬夏播。

4. 播种方法

可等行距点播、穴播或机械条播,行距为 30～40 厘米,株距 2.5 厘米左右,每亩留苗 8 万～10 万株,播深 3～5 厘米。

5. 播量

大粒品种每亩用种量为 3～4 千克,小粒品种每亩用种量为 2～2.5 千克。

(三)施肥

荞麦根系能分泌有机酸使土壤中不易溶解的磷酸根变为溶解状态,有利于根部吸收,对磷、钾有特殊的吸收能力,早施肥更能满足荞麦的营养需求。应以农家肥为主,化肥为辅,基肥要重,追肥要早。

1. 基肥

以有机肥为主,可配合施用无机肥。亩施 500～800 千克有机肥(粪肥、厩肥和土杂肥等),过磷酸钙 20～30 千克,尿素 3～5 千克。

2. 种肥

包括播前以肥滚籽,播种时溜肥及种子包衣等。种肥能弥补基肥的不足,以满足荞麦生育初期对养分的需要,并能促进根系发育。

3. 追肥

荞麦在现蕾开花后,需要大量的营养元素,需肥关键期,每亩追肥 5 千克尿素等速效氮肥,根外追施磷酸二氢钾等能促进荞麦增产。

(四)田间管理

1. 保全苗

播后如遇干旱,要及时镇压,促进种子发芽和幼苗生长发育,深扎根,早出苗,出全苗,出壮苗;播后苗前,要注意雨后破除地表板结。

2. 中耕除草

中耕除草次数和时间根据地区、土壤、苗情及杂草多少而定。一般进行两次中耕除草,第一次中耕在第一片真叶出现后,苗高约 10 厘米时,此时可结合中耕定苗,去除多余弱苗。第二次中耕应在现蕾期,此时可结合中耕视苗情进行追肥。

3. 灌溉浇水

开花灌浆期是荞麦需水关键期,如遇干旱,可适当灌溉,以满足荞麦生长需水要求,提高荞麦产量。灌溉提倡轻灌,防止积水。

4. 辅助授粉(甜荞)

甜荞属异花授粉作物,为提高荞麦结实率,可进行辅助授粉。蜜蜂辅助授粉是在荞麦开花前 2～3 天在田里养蜂放蜂(约 1 000 米放 1 箱蜂);人工辅助授粉是在盛花期每隔 2～3 天,于上午 9～11 时,震动植株,辅助授粉。

(五)收获与贮藏

荞麦籽实成熟延续时间长达 20～45 天,成熟不一致,种子容易脱落,要适时收获避免大幅度减产。70% 的籽粒呈现出品种固有颜色时,选择收割,以减少籽粒脱落;收割后植株竖堆 3～4 天,后熟增产。要尽早脱粒,安全贮存。

(六)病虫害防治

1. 荞麦轮纹病

主要危害叶片和茎秆。叶片上产生中间较暗的淡褐色病斑,呈圆形或近圆形,直径 2～10 毫米,有同心轮纹,病斑中间有黑色小点,即病原分生孢子器。茎秆病斑呈棱形、椭圆形、红褐色。植株枯死后变黑色,生有黑褐色小斑。受害严重时,常常造成叶片早期脱落,减产明显。发病时可用溃腐灵按推荐剂量稀释喷喷雾。

2. 荞麦立枯病

是荞麦苗期的主要病害,幼苗在低温、多雨时易发病,一般发生在出苗后 15 天左右,偶尔会在种子萌发出土时发病。发病时茎基部出现红褐色的凹陷斑,病斑扩展绕茎一周直至植株萎蔫枯死。子叶受害后出现不规则的黄褐色病斑,破裂脱落穿孔,边缘残缺。可用 65% 的代森锌可湿性粉剂 500～600 倍液或甲基硫菌灵可湿性粉剂 800～1 000 倍液喷雾。

3. 荞麦褐斑病

该病是荞麦叶部病害,最初在叶面形成圆形或椭圆形病斑,直径 2～5 毫米,外围红褐色,有明显边缘,中间为灰色,病叶渐渐变褐色,枯死脱落。一般在花期发病,开花后发病加重,严重时叶片枯死。发病时,可喷洒 36%甲基硫菌灵悬浮剂 600 倍液或 50%多菌灵可湿性粉剂 800 倍液、50%速克灵可湿性粉剂 1 000 倍液。发病地块在收获后注意清除病残体,以减少菌源。

4. 荞麦霜霉病

该病是荞麦叶部病害,受害叶片正面可见到不整齐的失绿病斑,其边缘界限很不明显。病斑背面产生淡灰白色的霜状霉层。叶片从上向下发病,该菌以侵染幼苗及叶片为主。受害严重时叶片卷曲枯黄、枯死,叶片脱落,影响产量。发病时,可用 800～1 000 倍液的瑞毒霉,或 600～800 倍液的代森锌,以及 700～800 倍液的 75%的百菌清可湿性粉剂,进行田间喷雾防治;发病地块收获后,应清除田间的病残植株,进行深翻土地,将枯枝落叶等带病残体翻入深土层内,减少次年的侵染源。另外,轮作倒茬,用 40%的五氯硝基苯或 70%的敌克松粉剂进行拌种,可减少发病率。

5. 钩刺蛾

钩刺蛾是危害秆、叶、花、果实的专食性害虫,成虫有趋光性,趋绿色性,白天栖息在草丛中、树林里,飞翔能力不强,于清晨和傍晚活动,高龄幼虫吐丝将花序附近叶片和花序卷曲包藏在其中,食花,并食幼嫩籽粒。对 3 龄以前钩刺蛾可用 4 000 倍 2.5%溴氰菊酯或 Bt 杀虫剂 200～300 倍液防治,成虫可采用黑光灯诱杀。

6. 荞麦黏虫

年内可发生多代,成虫昼伏夜出,在无风晴朗的夜晚活动较盛,幼虫在阴雨天可整天出来取食危害,5～6 龄进入暴食期。3 龄以下黏虫,可用 4 000 倍速灭杀丁、溴氰菊酯等菊酯类农药或 1 500 倍锌硫磷乳油等喷雾防治。3 龄后黏虫,选择清晨有露水时,用乙敌粉剂辛拌磷粉剂喷粉防治,也可利用杨树枝或谷草把诱捕成虫,用糖醋酒毒液诱杀成虫。

7. 荞麦草地螟

荞麦草地螟是杂食性、暴食性害虫。年内可发生 2～4 代,以老熟幼虫在土内吐丝做茧越冬,4～5 龄幼虫进入暴食期。可用 25%辉丰快克乳油 2 000～3 000倍液,25%快杀灵乳油亩用量 20～30 毫升,5%来福灵、2.5%功夫 2 000～

3 000 倍液防治;也可利用其结群迁飞习性,用黑光灯诱杀。

三、荞麦品种介绍

(一)冀苦荞 2 号

该品种是由张家口市农业科学院从贵州引进的苦荞品种,经观察鉴定、品系比较、区域联合试验、生产鉴定试验和大面积示范试验筛选而成的适宜机械化种植的苦荞品种。

特征特性:幼苗直立,苗色绿色,花色浅绿,株型紧凑,种皮灰褐色,籽粒锥形。生育期 91 天,属中熟型品种。株高 119.2 厘米,主茎分枝数 5.6 个,主茎节数 14.2 个,花序数 30.6 个,单株粒数 222.3 个,单株粒重 4 克,千粒重 19 克,抗倒伏力强,抗旱、耐瘠性强,抗落粒性强,适应性广。蛋白质含量 9.56%,脂肪含量 1.59%,总黄酮含量 0.210%,水溶性纤维含量 6.45%,品质优良。

(二)日本荞麦

该品种是 1982 年由山西省种子公司从日本引进,1987 年经山西省农作物品种审定委员会审定为推广品种,是晋中荞麦的主栽品种。

特征特性:株高 70~100 厘米。根系发达,茎秆粗壮。生育期 95 天。喜水耐肥,结籽率高,但籽粒成熟时间不一致,一般主枝籽粒有 80% 变为褐色时,就要及时收获,以防落粒和由籽粒色泽不一致而影响品质。

(三)黑丰 1 号(苦荞麦)

该品种是 1990 年由山西省农科院农作物品种资源研究所从"榆 6~21"中选择变异单株系选育成,1999 年经山西省农作物品种审定委员会审定为推广品种。

特征特性:株高 110~140 厘米,茎粗 8~12 毫米,株型紧凑挺拔,茎绿色,主茎节数 26~28 个,主茎一级分枝数 4~6 个。正常年份生育期 80 天左右。植株有限型,顶花可正常成熟结实,籽粒成熟时间较一致,黑化率可达 90%。单株生长势强,茎粗、秆硬、抗风、抗倒伏、落粒轻、丰产稳产。

(四)榆荞三号

该品种是 1994 年由榆林农业学校选育而成。

特征特性:植株茎秆坚硬,节间距离短,株高 90~110 厘米,主茎与分枝顶端花絮多而密集,花朵为白色,成熟后植株下部为红色,中上部为黄绿色,籽粒为淡棕色,棱角明显,呈三棱形,粒大饱满,千粒重 34 克,全生育期为 80 天,中熟品种,株型紧凑,分枝习性弱,结实率高,抗倒性、抗落粒性强。蛋白质含量

10.21%,脂肪含量 1.95%,淀粉含量 68.7%。

(五)川荞 1 号

该品种是由凉山彝族自治州昭觉农业科学研究所选育而成。

特征特性:籽粒长锥形,黑色,幼苗绿色,成熟变为紫红色,株高为 90 厘米左右,株型紧凑,结籽集中尖部,花序柄较低,有效花序多,分枝部位底,皮壳率 30%,抗旱性强,较抗倒伏,抗荞麦褐斑病。该品种早熟,全生育期 78 天左右。蛋白质含量 15.6%,脂肪含量 9.9%,芦丁 2.04%,维生素 E 含量 0.53%,维生素 C 含量 4.53 微克/100 克,淀粉含量 69.1%,出粉率 63.7%左右。

(六)九江苦荞

该品种是于 1982 年江西省农作物品种资源征集时的地方荞麦品种,经吉安地区农业科学研究所鉴定、筛选而形成的早熟、高产、稳产型品种

特征特性:株高 108.5 厘米,株型紧凑,一级分枝 5.2 个,主茎茎数 16.6 个,幼茎绿色,叶基部有明显的花青素斑点,花小、黄绿色、无香味、自花授粉,籽粒褐色,果皮粗糙,棱呈波状,中央有深色凹陷,株粒重 4.26 克,千粒重 20.15 克。出苗至成熟 80 天,抗倒伏,抗旱耐瘠,落粒轻,适宜性强。蛋白质含量 10.5%,粗淀粉含量 69.83%,赖氨酸含量 0.696%。

(七)甜荞麦 92-1

该品种是由定西市旱农中心荞麦育种组引进。

特征特性:株高 65～80 厘米,叶片绿色,桃形,白花,有限花序,一级分枝 4.4～8.4 个,二级分枝 2.4 个,株型松散,高产抗旱、抗腐,单株粒重 2.86 克,千粒重 30～40 克,籽粒黑褐色,三棱形,皮壳率为 20%左右,生育期 70～75 天。

(八)甘荞 2 号

该品种是由平凉地区农科所育成。

特征特性:甘荞 2 号(8612),株高 75～86 厘米,为中秆品种,叶淡绿色,叶相桃型,白花,株型紧凑,有限花序,一级分枝 5 个,二级分枝 6 个,适宜密植,抗倒伏,株粒重 1.71 克,千粒重 31.4 克,籽粒褐色,三棱形,其性状稳定,丰产、稳产、抗旱、耐瘠,适宜范围广,综合性状良,生育期为 71～90 天。籽粒含粗蛋白 12.84%、粗脂肪 2.76%、淀粉 49.16%、赖氨酸 0.52%。

(九)库伦大三棱荞麦

该品种是由内蒙古库伦旗培育而成的品种。

特征特性:皮黑灰色,粒大,三棱形,千粒重为 32 克,株高 90～100 厘米,抗

逆性强,适应种植在沙壤土地上,主茎粗,分枝少,适合密植,无倒伏。一般每株3~4个分枝,分枝较高,一般距地面25厘米左右,便于收割。穗状花序,花白色,每株结30穗左右,每穗结5~10粒,顶穗结60~70粒。出米率达55%~60%,面筋含量高,富含蛋白质、脂肪和具有保健功能的多种矿质元素及维生素 B_1、B_2等。蛋白质含量10.3%~11.9%,淀粉含量63.3%~75%,粗纤维含量10.3%~13.8%,VB_1、VB_2、VE 的含量高于水稻、小麦、玉米等作物。

(十)高黄酮荞麦新品种西农 9920（西北农林科技网）

特征特性:西农 9920 属苦荞(鞑靼荞麦),株型紧凑,单株粒重 3.6 克,千粒重 17.9 克。籽粒粗蛋白含量 13.1%,淀粉含量 73.43%,粗脂肪含量 3.25%,芦丁含量1.33%,生育期 88 天左右,抗倒伏,抗旱、耐瘠薄,落粒轻,适应性强。

第二节 燕麦及绿色高效生产技术

燕麦是禾本科一年生草本植物。须根较坚韧。秆直立,光滑无毛,高达120厘米,具节。叶鞘松弛,叶舌透明膜质,叶片扁平,圆锥花序开展,金字塔形,小穗含小花;小穗轴近于无毛或疏生短毛,不易断落。第一外稃背部无毛,基盘仅具少数短毛或近于无毛、无芒,或仅背部有 1 较直的芒;第二外稃无毛,通常无芒。颖果被淡棕色柔毛,腹面具纵沟。

燕麦是长日照作物,性喜冷凉、湿润,分布在五大洲 42 个国家,主要分布在北半球温带地区。在世界禾谷类作物中,燕麦种植面积、总产量仅次于小麦、玉米、水稻、大麦、高粱,居第六位。主要集中产区是北半球的温带地区。主产国有俄罗斯、加拿大、美国、澳大利亚、德国、芬兰及中国等。我国的内蒙古、河北、吉林、山西、陕西、青海和甘肃等地均有种植,云、贵、川、藏有小面积的种植,其中内蒙古种植面积最大。据世界粮农组织统计,1990~1994 年,燕麦年平均种植面积为 3 045 万公顷,总产量近 5.4 亿吨。近年来,我国燕麦播种面积约 100 万公顷,每公顷产量750~1 125 千克。其籽粒可做燕麦片等燕麦制品,秆粒可作饲料,秸秆是造纸原料,燕麦秆青草可用来提取叶绿素和胡萝卜素。

一、燕麦的营养价值与开发利用

(一)燕麦的营养价值

在小麦粉、稻米、小米、玉米面、高粱、大麦、燕麦粉、荞麦面、黄米等 9 种日常粮食中,燕麦籽粒的蛋白质、脂肪、维生素、矿物质元素、纤维素等5大营养指标均居首位(见表6-1)。燕麦茎叶秸秆多汁、柔嫩,造性好。棵燕麦秸秆中含粗蛋白5.2%、粗脂肪2.2%、无氮抽出物44.6%,均比谷草、麦草、玉米秆高;难以消化的纤维28.2%,比小麦、玉米、粟秸低4.9%～16.4%,是最好的饲草之一。

表6-1　燕麦粉与其他粮食的营养指标比较(每100克)

营养成分	燕麦粉	小麦粉	籼米	粳米	小米	高粱面	玉米面	荞麦面	大麦米	黄米面
蛋白质/克	15.6	9.1	7.6	6.7	9.7	7.5	8.9	10.6	10.5	11.3
脂肪/克	0.8	1.3	1.1	0.7	1.7	2.6	4.4	2.5	2.2	1.1
碳水化合物/克	64.8	74.6	76.6	76.8	76.1	70.8	70.7	68.4	66.3	68.3
释热量/千焦	1 637.04	1 461.20	1 457.01	1 444.45	1 503.06	1 410.95	1 498.87	1 482.13	1 390.01	1 377.46
粗纤维/克	2.1	0.6	0.4	0.3	0.1	1.2	1.5	1.3	6.5	1.0
钙/毫克	69.0	23.0	8.0	8.0	21.0	44.0	31.0	15.0	43.0	—
磷/毫克	390	133	162	120	240	—	367	180	400	
铁/毫克	3.8	3.3	2.4	2.3	4.7		3.5	1.2	4.1	
维生素B$_1$/毫克	0.29	0.46	0.19	0.22	0.66	0.27	—	0.38	0.36	0.20
维生素B$_2$/毫克	0.17	0.06	0.06	0.06	0.09	0.09	0.22	—	0.10	—
烟酸/毫克	0.80	2.50	1.60	2.80	1.60	2.80	1.60	4.10	4.80	4.30

1. 脂肪

在世界上4 000多种燕麦中,90%以上燕麦脂肪含量5%～9%,相当于大米、白面的4～5倍,居谷物类之首。燕麦脂肪80%为不饱和脂肪酸,主要是单不饱和脂肪酸、亚油酸和亚麻酸,其中亚油酸占脂肪含量的38.1%～52%,是人体最重要的必需脂肪酸,可降低胆固醇在心血管中的积累。

2. 蛋白质和氨基酸

燕麦中蛋白质含量是大米、小麦粉的1.6～2.3倍,在禾谷类粮食中居首位。燕麦含有18种氨基酸,其中8种是人体必需的氨基酸。8种必需氨基酸不仅含量丰富,还配比合理,接近世界卫生组织推荐的营养模式,人体利用率高。其赖氨酸含量是小麦、稻米的 2 倍以上,色氨酸含量是小麦、稻米的 1.7 倍以上。食用燕麦食品,能在一定程度上弥补"赖氨酸缺乏症"。

3.维生素和矿物质

燕麦含有丰富的维生素、烟酸、叶酸等。其中维生素 B_1、B_2 较大米的含量高,维生素 E 的含量也高于面粉和大米。燕麦的矿物质含量也很丰富,特别是钙的含量明显高于小麦粉、稻米、小米、荞麦面等。燕麦中硒含量也很高,达 0.696 微克/克,相当于小麦的 3.72 倍,玉米的 7.9 倍,大米的 34.8 倍。

4.膳食纤维

燕麦兼具可溶性和不溶性两种膳食纤维,被誉为天然膳食纤维家族中的"贵族"。燕麦总纤维素含量为 17％～21％,其中可溶性膳食纤维(主要成分是 β-葡聚糖)约占总膳食纤维的 1/3,明显高于其他谷物。

(二)燕麦的开发利用

国外燕麦初级加工产品主要包括精选燕麦粒、切割燕麦、燕麦片系列、燕麦粉和燕麦鼓,燕麦精细产品主要包括燕麦淀粉、燕麦可溶性纤维素、燕麦抗氧化活性成分等。国内开发的产品主要有高纤维燕麦片、燕麦精粉、燕麦全粉、燕麦米、燕麦方便面、燕麦饮料、高纤维麸皮、燕麦葡聚糖、燕麦淀粉、燕麦蛋白质和燕麦油等。目前,高温短时挤压膨化技术、红外线灭酶技术、微波提取技术、超微粉碎技术和二氧化碳超临界流体萃取技术等食品高新技术已逐渐应用到燕麦产品的加工中。

1.燕麦片

燕麦片是降脂、降糖研究较为深入的燕麦食品,也是欧美各国主要的早餐食品之一。燕麦片主要有预煮燕麦片和快熟燕麦片。预煮燕麦片在食用前需要在沸水中煮 5～10 分钟,快熟燕麦片在热水中浸泡 3～5 分钟即可食用。另根据原料与风味的不同,有原味燕麦片和复合营养燕麦片(以混合型为主)。原味燕麦片只由燕麦一种原料制成,适合老年人、糖尿病人、血脂及血糖偏高的人食用。复合营养燕麦片则是在燕麦片生产时添加奶粉、豆粉、大枣、核桃、杏仁、蔗糖、植脂粉等原辅料,口味丰富、速溶。还有添加枸杞、红枣、桂圆等原料的女性专用燕麦片等。不同原料、不同工艺的产品,在口感、风味和速溶性等方面差别较大。

2.燕麦乳粉

燕麦乳粉是快速燕麦食品,在熟制的燕麦粉中加入药食同源的品种,如枸杞、昆布、大枣、山楂、薏仁等植物药材以及南瓜粉、绿豆粉等,配制成降脂、降糖的乳粉系列,使其营养、保健功能更为显著。

3. 燕麦麸

燕麦麸是燕麦加工过程中的副产品,蛋白质含量高达 30%,清蛋白、球蛋白、醇溶蛋白以及谷蛋白分别占总蛋白含量的 63.4%、15.18%、8.18%、13.24%。清蛋白在燕麦麸蛋白中含量最高,且必需氨基酸尤其是赖氨酸和色氨酸含量特别高。色氨酸具有改善睡眠,预防糙皮病、抑郁症和调节情绪等功能,被称为"第二必需氨基酸"。而且有研究表明,燕麦麸各蛋白组分的分子量较小,易于消化吸收,蛋白质营养效价较高。

4. 燕麦饮料

燕麦饮料有发酵型饮料,如燕麦生物乳;非发酵型饮料,如燕麦纤维饮料和燕麦茶等。欧美等国生产的燕麦饮料市场售价较高,消费者认知程度高。中国虽有此类产品,但市场占有率相当低,仅处于起步阶段,所以开发燕麦保健饮料应当大有可为。

5. 功能食品

燕麦功能食品主要指含有燕麦麸、燕麦 β-葡聚糖和燕麦油等燕麦功能原料或因子的产品。燕麦 β-葡聚糖、燕麦油和燕麦蛋白均已实现工业化生产。燕麦油可直接制成胶丸,燕麦膳食纤维作为食品基料可添加到西式香肠和汉堡肉饼等肉制品中,增加肉制品的持水性,也有用燕麦膳食纤维作为基料制作咀嚼片。

6. 其他产品

如膨化燕麦产品、燕麦八宝粥、燕麦饼干、燕麦方便面等。

二、燕麦高效栽培技术

(一)耕作

1. 选地

选择轻度或中度盐碱地,要求土层深厚、土壤疏松、地势平坦、有机质含量高、排灌良好。不宜选择重度盐渍地,砂性大、漏肥、漏水的台田,忌连作。

2. 整地及施基肥

秋收后至封冻前(11月),每亩粉碎还田农作物秸秆 200～300 千克,施腐熟的农家肥 1 000～2 000 千克,深耕 20 厘米以上,整平越冬。第二年春播前 20～30 天(4月上旬),灌溉补墒,待土壤湿度适宜时,亩施微生物菌剂 8～10 千克,酸性腐殖酸 20～40 千克,复合肥 20～30 千克,旋耕 10～15 厘米,耙平耙细,以提高播种成活率。

（二）播种

1. 品种选择

燕麦喜温凉,气候湿润利于燕麦生长,耐干旱、抗盐碱,不耐高温。黄河三角洲地区春季干旱返盐碱严重,夏季高温,应选择耐盐碱、耐贫瘠、抗性强的燕麦品种,如白燕 2 号、白燕 7 号等,品种推广需在引种试验后进行,避免成熟不稳定或不能成熟。

2. 种子处理

首先,要筛选去杂,选择成熟度一致、饱满的种子。其次,播前需检验种子的纯度、净度、发芽率等。最后,播前 3～5 天晴天晒种,以提高发芽率,并进行药剂拌种,防治黑穗病等病虫害。

3. 播种

第一茬于 4 月上旬(清明节前后),第二茬在 7 月中下旬。春季干旱宜深播,播深约 5 厘米;夏季宜浅播,播深约 3 厘米。行距 25 厘米,每亩播量 8～10 千克,盐碱程度或地力偏低的地块需加大播种量。可机械播种,播种均匀,播后依情况进行镇压,确保苗齐苗全。温度超过 35 ℃时,燕麦易受害;春茬宜早播。

（三）田间管理

1. 施肥

种肥多选磷酸二铵或硝铵,每亩用量 10 千克,随播种施入。燕麦在分蘖期、拔节期、抽穗期需要大量的营养元素,此时需要给土壤补充一定数量的养分,根据田间长势,一般 3 叶期或孕穗期每亩可追施尿素 4～5 千克,追肥原则为前促后控,可结合灌溉或降雨前施用。盐碱土壤透气性差,尽量减少追肥次数。

2. 灌溉

有灌溉条件的地块,适时补充水分可以提高燕麦产量。若土壤墒情不佳需浇保苗水,在 3～4 叶时进行第一次浇水(分蘖水);拔节至抽穗期营养生长和生殖生长并重,可结合施肥进行第二次灌水;开花至灌浆期进行第三次灌水,此时期因为高温而需水,浇好灌浆水有利于灌浆,促进籽粒饱满。如遇大雨要注意排水。

3. 除草

在 4～5 叶期进行第一次除草,要浅中耕,对杂草多、盐碱地块,第一次中耕不宜提前。在拔节期进行第二次除草,需深耕(3～5 厘米),有利于消灭田间杂草,松土,提高地温,减少土壤水分蒸发。抽穗至灌浆期进行第三次除草,需人工拔除,如莎草、碱蓬、苍耳、荻草。燕麦对除草剂的反应较其他禾谷类作物敏感,使用不当会造成产量下降,需慎用。

(四)及时收获

1. 籽粒的收获

当燕麦穗由绿变黄,上中部籽粒变硬,表现出籽粒正常大小和色泽,进入黄熟期时进行收获。收获要及时,同时避免恶劣气候。脱粒后及时晾晒,在含水量低于12.5%时装袋储藏。

2. 饲草的收获

作为饲草,具有草产量高、营养价值高和适口性好的特点,孕穗期营养价值较高,是刈割的较佳时期,是收获高产、优质干草的最佳时期。

(五)病虫害防治

1. 燕麦黑穗病

包括燕麦坚黑穗病和燕麦散黑穗病。

燕麦坚黑穗病遍布于国内外燕麦种植区。主要发生在抽穗期。病、健株抽出时间趋于一致。染病种子的胚和颖片被毁坏,其内充满黑褐色粉末状厚垣孢子,其外具坚实不易破损的污黑色膜。厚垣孢子黏结较结实不易分散,收获时仍呈坚硬块状,故称坚黑穗病。有些品种颖片不受害,厚垣孢子团隐蔽在颖内不易发现。

燕麦散黑穗病是我国南、北方燕麦种植区常见传病害。大部分整穗发病,个别中、下部穗粒发病。病株矮小,仅是健株株高的1/3～1/2,抽穗期提前。病状始见于花期,染病后子房膨大,致病穗的种子充满黑粉,外被一层灰膜包住,后期灰色膜破裂,散出黑褐色的厚垣孢子粉末,剩下穗轴。

防治方法:

(1)选用抗病品种,发现病株及时拔除,携至田外集中烧毁。

(2)药剂拌种:药剂处理种子用种子重量0.5%～1%的细硫黄粉拌种或用1%福尔马林液均匀喷在种子上,充分拌匀后盖上草袋,放置5小时后马上播种。或用50%多菌灵可湿性粉剂或50%苯菌灵可湿性粉剂、15%三唑酮可湿性粉剂、50%禾穗胺可湿性粉剂,用种子重量的0.2%拌种。

2. 燕麦锈病

燕麦锈病包括冠锈、秆锈和条锈三种,遍布国内外燕麦种植区。国内前两种受害重,且偏南燕麦区受害重。燕麦冠锈病主要发生在燕麦生长的中后期,症状类似于小麦锈病,病斑生在叶、叶鞘及茎秆上。始见于中部叶片的背面,初为圆形暗红色小点或橙黄色椭圆形小斑,然后逐渐扩大,出现稍隆起的小疱胞,即夏孢子堆。当孢子堆上的包被破裂后,散发出夏孢子。后期燕麦近枯黄时,在夏孢子堆基础上产生黑色的、表皮不破裂的冬孢子堆。

防治方法:

(1)选育抗锈病品种,清除田间病株残体以及田间杂草寄主。

(2)药剂防治:大田锈病始发期和始盛期及时喷洒 20% 三唑酮乳油 1 500～2 000 倍或 25% 敌力脱乳油 4 000 倍液、20% 敌锈钠可湿性粉剂 1 000 倍液,隔 15～20 天 1 次,防治 1～2 次。

3. 燕麦红叶病

该病是我国燕麦种植区的重要病害之一。植株染病后一般上部叶片先表现病症。叶部受害后,自叶尖或叶缘开始,呈现紫红色或红色,逐渐向下扩展成红绿相间的条纹或斑驳,病叶变厚、变硬。后期叶片橘红色,叶鞘紫色,病株有不同程度的矮化、早熟、枯死现象,病株表现十分明显。近年该病间歇性地流行,有的年份造成很大损失。

防治方法:

(1)选用抗病品种,同时加强管理,消灭田间及周围杂草,控制寄主和病毒来源,一旦发现病株,要及时喷药灭蚜控制传毒。

(2)药剂浸种:用 75% 甲拌磷或 40% 甲基异柳磷乳油浸种,用药量为 1 千克兑水 100 千克喷拌燕麦种子 1 000 千克,晾干后播种。

(3)药剂防治:用 40% 乐果乳油 2 000～3 000 倍液喷雾,或用 80% 敌敌畏乳油 3 000 倍液喷雾,或用 50% 辛硫磷乳油 2 000 倍液喷雾,或用 20% 速灭杀丁乳油 3 000～5 000 倍液喷雾。

4. 黏虫

一年发生多代,到 5～6 龄进入暴食期。

防治方法:

(1)做好预测预报工作,把幼虫消灭在 3 龄以前。

(2)诱杀或捕杀害虫,利用杨树枝或谷草把,诱集捕杀成虫,或用糖醋酒毒液诱杀成虫。

(3)药剂防治:3 龄前黏虫,可用 4 000 倍速灭杀丁、溴氰菊酯等菊酯类农药或 1 500 倍锌硫磷乳油等喷雾防治。3 龄后黏虫,清晨有露水时,可用乙敌粉剂,辛拌磷粉剂进行喷粉防治。

5. 蚜虫

燕麦进入孕穗期、出穗期,容易发生蚜虫,用50％马拉松乳剂1 000倍液,或50％杀螟松乳剂1 000倍液,或50％抗蚜威可湿性粉剂3 000倍液,或2.5％溴氰菊酯乳剂3 000倍液,或40％吡虫啉水溶剂1500～2000倍液等进行喷雾防治。

6. 草地螟

属杂食性、暴食性害虫。一年发生2～3代,以幼虫和蛹越冬。幼虫有5个龄期。1龄幼虫在叶背面啃食叶肉,2～3龄幼虫群集在心叶,取食叶肉,4～5龄幼虫进入暴食期可昼夜取食,吃光原地食料后,群集向外地转移。老熟幼虫入土作茧成蛹越冬。

防治方法:

(1)农业防治:秋季进行深耕耙耱,破坏草地螟越冬环境;春季铲除田间及周围杂草,可杀死虫卵。

(2)药剂防治:对3龄前草地螟,可用80％敌敌畏乳油1 000倍液或800倍的90％敌百虫粉剂或2.5％的溴氧菊酯、20％的速灭杀丁等菊酯类药剂4 000倍液喷雾,防治草地螟。

(3)人工诱杀:可用网捕和灯光诱杀。在成虫羽化至产卵2～12天空隙时间,采用拉网捕杀或利用成虫的趋光性,黄昏后有结群迁飞的习性,采用黑光灯诱杀。

三、燕麦品种介绍

(一)白燕2号

系吉林省白城市农科院以VAO-2为母本,B07046为父本杂交选育而成,2000年由甘肃农业大学引进。幼苗直立,叶片上举,株型紧凑,株高96～123厘米。穗侧散形,长芒,颖壳浅黄色,穗长19～21厘米。小穗铃数10～18个,主穗粒数55～69个,穗粒重1～1.2克。籽粒黄白色,长卵圆形,千粒重28～32克。春性,生育期80～100天。中抗燕麦红叶病,对燕麦坚黑穗病表现免疫。

(二)白燕7号

吉林省白城市农业科学院选育。春性,幼苗竖立,深绿色,生育期87～144天。株高92.1厘米,穗长16.7厘米,侧散穗,颖壳黄色,穗铃数27.1个,穗粒数62.5个,穗粒重1.8克,千粒重27.8克,籽实带壳,籽粒浅黄色,表面有茸毛。抗旱、抗倒伏,抗燕麦红叶病、白粉病、坚黑穗病。

(三)坝莜 1 号

生育期 90 天左右,中熟,优质食用型品种。幼苗半直立,深绿色。生长势强。株型紧凑,叶片上举。株高 100～110 厘米,最高达 135 厘米。穗周散型,短串铃。主穗小穗数 20.7 个,穗粒数 57.5 个,穗粒重 1.45 克,千粒重 24.8 克。籽粒整齐,品质好,含蛋白质 15.6%、脂肪 5.53%。抗旱和抗倒性强。轻感黄矮病,较抗坚黑穗病。

(四)冀张莜 4 号

冀张莜 4 号是粮饲兼用型品种,生育期 88～97 天。幼苗直立,深绿色,生长势强。株型紧凑,叶片上举。株高 100～120 厘米,最高达 140 厘米。侧散型穗,短串铃。主穗长 20.4 厘米,小穗数 18.7 个,穗粒数 39.8～60 个,穗粒重 0.85 克,千粒重 20～22.6 克。籽粒长型浅黄色。含蛋白质 13.38%、脂肪 7.98%。抗倒、抗旱、耐瘠性强,群体结构好,成穗率高。抗坚黑穗病,耐黄矮病力强。

(五)坝燕一号

饲用型皮燕麦品种,生育期 85～97 天。幼苗半直立,苗色深绿,生长势强,株型中等,叶片下垂,株高 85～102 厘米,最高可达 120 厘米,抗旱、抗倒性强,适应性广。

第七章 藜麦引种栽培技术与前景分析

　　黄河三角洲地区土地资源丰富，土壤和气候条件适宜，是山东省和中国粮、棉、菜的主要产区，也是重要的农业土地后备资源。该地区土壤母质为黄河冲积物，底部属海相沉积物，盐渍化土地面积 40 多万公顷。如何高效利用丰富的盐碱地资源是该地区农业发展长期存在的问题和农业技术研发的重点。针对区域自然生态资源特征，引进藜麦并试种，开展藜麦栽培探索与研究，初步探索出了一套低海拔地区盐碱地优质藜麦栽培技术，为该地发展优势杂粮经济、促进区域农业结构优化调整和农业增产增收提供了技术支撑。

第一节　藜麦的营养、成分及功能

　　藜麦原产自南美洲，一年生双子叶藜科，是人类珍贵的生物多样性粮食资源之一，是唯一的植物界全蛋白谷物，唯一的单体植物即可满足人类基本营养需求的食物。由于其高昂的市场价格和对土壤、气候、水肥条件的要求极为苛刻，藜麦被誉为"超级谷物"和"印加黄金"。藜麦适宜所有人群食用，特别是对于乳糜泻（对面筋蛋白过敏）、高血压、高血脂、糖尿病、慢性病患者，对孕产妇、婴幼儿、运动员、素食者、减肥塑身、病后康复者也非常适宜；对于健康人群，藜麦也是难得的营养美食。5 000～7 000 年前，藜麦是安第斯山区土著居民的传统食物；联合国粮农组织（FAO）和美国宇航局定义藜麦是满足人体必需氨基酸需求的全营养食品。

一、藜麦的主要营养

　　藜麦蛋白质含量达 12%～23%，其生物价和牛奶接近，必需氨基酸全面且比例均衡，藜麦可提供组氨酸推荐量的 180%、异亮氨酸的 274%、赖氨酸的 338%、蛋氨酸＋半胱氨酸的 212%、苯丙氨酸＋色氨酸的 320%、苏氨酸的 331%、色氨酸的 228%、缬氨酸的 323%，是一种营养全面的优质植物蛋白。脂肪、膳食纤维、维生素、矿物质,特别是钙、镁、锌、铁等营养成分含量高于多数谷物(见表 7-1);藜麦不含麸质,适合对麸质过敏的人群食用。

表 7-1　藜麦和其他谷物主要营养成分含量分析(每 100)

(USDA,2015)

营养组分	藜麦	水稻	大麦	小麦	玉米	黑麦	高粱
脂肪/克	6.07	0.55	1.3	2.47	4.74	1.63	3.46
蛋白质/克	14.12	6.81	9.91	13.68	9.42	10.34	10.62
灰分/克	2.7	0.19	0.62	1.13	0.67	0.98	0.84
纤维素/克	7.0	2.8	15.6	10.7	7.3	15.1	6.7
碳水化合物/克	64.16	81.68	77.72	71.33	74.26	75.86	72.09
能量/千卡	368	370	352	339	365	338	329

二、藜麦的功能性活性成分

(一)皂苷

藜麦皂苷是由三萜糖苷配基(齐墩果酸、常春藤苷元、植物鞣酸、丝氨酸)C3 或 C28 位置连接一个或多个糖分子(阿拉伯糖、半乳糖、葡萄糖、木糖、葡萄糖醛酸)而构成。这种皂苷在藜麦种子的表皮中含量最高,为 0.66～3.09 克/100 克,其中,植物鞣酸、常春藤苷为含量最高的皂苷,占总皂苷的 70%,不同品种类型和生态环境的藜麦皂苷含量差异巨大。作为食品,藜麦皂苷被证明引起适口性降低,被作为一种潜在的抗营养素,引起消化率降低,因此在藜麦谷物中一般降低其含量。但是藜麦皂苷作为食品功能因子,在添加剂、医疗保健、药品开发、化妆品等方面都有很好的开发利用价值。研究表明,皂苷还具有抗病毒、降低胆固醇、调节机体新陈代谢、诱导改变肠道通透性、促进特定药物吸收等作用。

(二)酚类

藜麦中酚类物质按分子质量的增加分为酚酸、黄酮、单宁,按照存在状态又分为自由酚、结合酚。藜麦酚酸含量 31.4～59.7 毫克/100 克,可溶性酚酸的比例为 29％～61％,主要成分为香草酸、阿魏酸及其衍生物。藜麦黄酮类化合物的含量为 36.2～72.6 毫克/100 克,主要成分为槲皮素、山柰酚及其糖苷。不同品种和环境的藜麦籽粒中酚类化合物的种类和含量也有很大差异,黑色藜麦中多酚种类和含量最高,红色次之,白色最低。

(三)蜕皮素和甾醇

蜕皮素是多羟基化类固醇,结构上与昆虫分泌的蜕皮激素相似,主要在中草药中含有。据报道,在农作物中藜麦中的蜕皮素含量最高。这种物质由多种单体化合物构成,在藜麦中已经检测到至少含有 13 种不同的蜕皮素,其中 20-羟基蜕皮激素(20HE)含量最高,占总蜕皮素的 62％～90％,其余由罗汉松甾酮和卡诺酮等构成。研究表明,蜕皮素在哺乳动物健康方面具有多种生物活性,如抗氧化、促生长、免疫调节、降低胆固醇、促进伤口愈合等,而且不会引起性激素的增长。

藜麦种子中的甾醇类物质含量约为 118 毫克/100 克,其中主要是 β-谷甾醇(63.7 毫克/100 克),油菜甾醇(15.6 毫克/100 克)、豆甾醇(3.2 毫克/100 克),比传统谷物类(如大麦、小米、玉米)甾醇含量高。甾醇与胆固醇在肠道竞争性吸收,从而降低血清胆固醇水平,也可降低肝脏或肠道脂蛋白生成。

(四)甜菜素和甜菜碱

甜菜素是苋科植物特有的,结构与酚类不同,是由络氨酸代谢合成的吲哚衍生物,主要形成红紫甜菜红素和黄橙甜菜黄素,并最终赋予藜麦种子表皮红色、黑色或黄色。藜麦中甜菜素主要是由甜菜苷和异甜菜苷构成,在 pH 3～7 之间相对稳定。这种物质具有比多酚更强的抗氧化性,而且是一种天然的食物染料来源,不同颜色的藜麦是甜菜素的很好来源。甜菜碱是一种 N-三甲基化氨基酸,在谷类作物中普遍含有,但是在藜麦中含量更高。对肥胖、糖尿病和心血管疾病的预防和治疗有显著作用。

三、藜麦的功能

(一)抗氧化和抑菌特性

通过氧化自由基吸收能力测定藜麦的总抗氧化能力为 335.9,显著高于小麦、燕麦、米、高粱等作物。这种高的抗氧化活性主要依赖于多酚和黄酮,同时也与含有的类胡萝卜素、维生素 E、维生素 C 等抗氧化剂显著相关。另外,Escribano,Cabanes 对 29 个品种的藜麦分析发现甜菜素使得藜麦具有更高的抗氧化和自由基清除能力。Letelier 等通过体外动物实验发现,藜麦种皮中的三萜皂苷能够抑制大鼠肝脏微粒体脂质过氧化和硫醇的损失,还能够降低二硫化合物二聚体的催化活性,抑制谷胱甘肽转移酶活性,具有显著的抗氧化活性。藜麦中的三萜皂苷类提取物可抑制白色念珠菌的活性,而且藜麦外壳经过碱处理后含大量疏水皂苷衍生物,对灰霉病具有较强抗病性。

(二)降血糖和减肥

藜麦中的酚类物质能够显著抑制消化系统中的 α-葡萄糖苷酶、α-淀粉酶活性,降低血糖含量,可用于糖尿病治疗。藜麦种子萌发时浸出液的成分能够显著降低高血糖肥胖老鼠的血糖水平。已经通过动物实验严格证明藜麦中分离的 20HE 在剂量为 6、10、25 毫克/千克时具有显著的减肥效果,能够增加胰岛素敏感性,减少血液血糖水平,降低脂肪积累。

(三)免疫应答

Estrada,Li 将藜麦皂苷作为胃和鼻黏膜助剂,发现皂苷可抑制小鼠胃或鼻部位所携带的霍乱毒素,调节黏膜对抗原的渗透性,增强血清、肠道和肺部的特异性球蛋白的免疫应答,对病毒性疾病有一定的抗性功效。Verza,Silveira 通过腹腔注射藜麦皂苷 FQ70 和 FQ90 组分,评估小鼠对卵清蛋白的细胞免疫(Th1)和体液免疫(Th2)应答的辅助效果。结果表明藜麦皂苷能显著增强小鼠对卵清蛋白的免疫应答,其中齐墩果酸衍生物参与了 Th1 的免疫应答。

第二节　藜麦高效栽培技术

藜麦生长期为 90～220 天,无霜期要在 100 天以上,降水量 300 毫米以上,花期和灌浆期温度不高于 32 ℃,具有耐寒、耐旱、耐瘠薄、耐盐碱等特性,种植藜麦对盐碱地改良与高效利用,以及区域农业产业结构优化调整都具有重要意义。

一、播前准备

根据当年的气候条件于 3 月中上旬施底肥,整地,旋耕 15～20 厘米,如果地里有前茬留下的根或塑膜需彻底清理,以免影响播种及藜麦生长。建议根据前茬作物和土壤肥力确定底肥量,以有机肥和含钾量较高的复合肥为主。

二、品种选择

选择抗病、高产、优质、抗倒伏的品种。种子大小均匀、饱满、色泽光滑。如陇藜1号(生育期120天左右)、蒙藜1号(生育期100天左右)等。

三、适时播种

3月中下旬根据土壤墒情或造墒播种,行距40～60厘米,株距30～50厘米,播深1～2厘米。播种方法:机播或点播,播种后覆膜。播种后的3～10天内注意幼芽或幼苗的生长状况,可根据需要进行补种。

注意事项:播种前需要准备拌种所用材料——谷子或小米。如果用谷子需要提前炒熟,种子与拌种材料比例为1份种子2份谷子(小米),或根据调试情况确定播种材料的量,确保下种量及播种均匀。黄河三角洲地区容易出现倒春寒,气温变化较大,根据去年温度状况,苗期覆盖两层膜,确保苗期正常生长。

四、田间管理

锄草:藜麦苗长到10厘米后可以结合间苗开始锄第一次草,一般藜麦长到50厘米以上还需要锄草1～2次。

间苗:藜麦苗10厘米时可以开始间苗。

移栽(补种):如果出苗后发现苗不全,可以在苗长到15～20厘米时进行移栽,移栽要选择在雨后,或另外给水。播种后3天左右发芽,5～6天出土,如果遇到10天左右还不出苗,要及时检查做好补种工作。

五、适时收获

当叶片变黄变红并大多脱落,茎秆开始变干,种子用指甲掐已无水分,即可收获;可选择藜麦专用收割机收割,也可人工收割,收割后专用离脱粒机脱粒,脱粒后及时晾晒(含水量<9%),干燥后的种子贮藏在阴凉、干燥、通风、无鼠的地方。

六、科学施肥

(一)施足底肥

根据黄河三角洲地区土壤质量实际情况,底肥施用以有机肥为主,增施钾含量较高的复合肥。亩施有机肥 1 000～2 000 千克和高钾复合肥 15～20 千克。有效控制植株徒长,促进花芽分化和花期授粉,控制白粉病的发生和预防后期植株倒伏。

(二)巧施追肥

定苗后应根据田间杂草情况及时清除杂草,并结合浇水实施追肥,每亩可追施复合肥 5～10 千克。在生育后期,叶面喷施硼磷钾肥和微量元素肥料,可在初花期每亩喷施 50 克硼肥＋磷酸二氢钾,兑水 15～30 千克,以促进开花结实和籽粒灌浆。

七、病虫害防治

(一)虫害防治

地下害虫有蛴螬、小地老虎、蝼蛄等,主要危害幼苗根部,害虫会从根部咬断植株,造成缺苗断垄。防治方法:用 70％吡虫啉可湿性粉剂或 70％噻虫嗪可分散粒剂,种子重量的 0.3％拌种。

地上害虫主要有金龟子、黏虫、小菜蛾等,主要危害植株叶片,严重时会把叶片吃光。防治方法:在成虫出现盛期,利用害虫的趋光性和趋绿性进行物理诱杀,30～50 亩安装 1 台频振式杀虫灯或太阳能杀虫灯进行诱杀或草把诱杀,基本可解决虫害问题。物理诱杀后一般不再需要进行药剂防治,但如果出现害虫暴发,黏虫可用 20％氯虫苯甲酰胺悬浮剂、3 000 倍液喷雾,4.5％高效氯氰菊酯乳油、1 000 倍液喷雾,2.5％溴氰菊酯乳油、3 000 倍液喷雾防治;小菜蛾可用灭幼脲 700 倍液、25％快杀灵 2 000 倍液、24％万灵 1 000 倍液喷雾防治。

(二)病害防治

藜麦前期病害少见,生长中后期,常出现叶斑病、霜霉病、茎(根)腐病、病毒病、立枯病等。

1.叶斑病

主要在藜麦花期和灌浆期侵染叶片,叶片病斑圆形,后扩大呈现出不规则状大病斑,并产生轮纹,边缘略隆起,病斑颜色由浅红褐色变灰黑褐色。藜麦苗期症状不明显,主要在藜麦花期、灌浆期呈现典型症状。

防治方法:25％的多菌灵可湿性粉剂 300～500 倍液、68％甲霜灵锰锌 800～1 000 倍液及 80％代森锰锌 500 倍液叶面喷施,交替使用,防止病菌产生抗药性。

2. 霜霉病

主要在藜麦现蕾期至初花期发生,初期只在叶背面呈现水浸状,随后变淡黄色小斑并逐渐扩大,遇到高温高湿,叶背面发病部位呈现黑色霉层,最后组织坏死呈现褐色,严重时病斑连片,全叶片枯黄,干枯卷缩、凋萎枯死。

防治方法:喷施 50％烯酰吗啉可湿性粉剂 1 500 倍液、50％霜脲氰可湿性粉剂 2 000 倍液及霜霉威水剂 800 倍液进行叶面喷施防治,可同时施用叶面肥。

3. 茎(根)腐病

主要危害植株的根部、茎部和基部,多从根尖开始侵染,发病部位初期呈现暗褐坏死,并逐渐向上扩展,终致根系坏死腐烂。

防治方法:(1)施用充分腐熟的有机肥,氮、磷、钾肥配合使用。

(2)雨后及时排水。

(3)及时拔除病株,病穴撒生石灰灭菌,防治病害进一步蔓延。

(4)发病选用 98％恶霉灵可湿性粉剂 2 000 倍液,或用 45％特克多悬浮剂 1 000 倍液。

4. 立枯病

此病害主要危害根系,植株的根部会腐烂发黑,叶片发黑变黄,严重时导致植株枯萎、死亡。

防治方法:(1)发病初期及时拔除病株。

(2)每亩用 100 克根好加 100 克根腐灵,兑水 50 千克灌入植株根部或叶面喷雾防治。

第三节　藜麦栽培现状与前景分析

20世纪80年代末,我国已经开始进行了藜麦试种研究,2008年,藜麦在山西初步实现了规模化种植。2013年,山西省静乐县获得了"中国藜麦之乡"的美誉,种植面积达到了667公顷。近年来,藜麦在多个省份有了较大面积的种植,随着藜麦种植面积的不断扩大,其栽培等也得到了一定程度的发展,初步形成了一些区域性的栽培方法,收集引进了百余份种质资源,获得了一些性状稳定的育种材料,并在甘肃省认定了藜麦品种1个。随着发达国家藜麦主食化和多样化的发展,藜麦的国际市场需求增加,极大促进了藜麦的生产加工。近两年,国内藜麦生产加工也有了较快发展。

藜麦具有较强的耐盐碱性与抗逆性,且营养价值高,具有较高的经济价值,种植藜麦有助于提高盐碱地农业的经济效益和生态效益。黄河三角洲地区土地资源丰富,土壤和气候条件适宜,是山东省和中国粮、棉、菜主要产区,也是重要的农业土地后备资源。该地区土壤母质为黄河冲积物,底部属海相沉积物,盐渍化土地的面积超过40万公顷。充分利用藜麦的耐盐碱和抗逆性,种植藜麦并鼓励发展相关产业,能够实现盐碱地改良与高效利用的有机结合,充分利用盐碱地耕地资源,促进黄三角盐碱低产田改良、增粮增效;同时,也可通过改善生产条件、改进生产技术、积极推进藜麦的产业化,有助于优化调整盐碱地农业产业结构、开发盐土农业生产新模式、促进农民增收致富和区域农业可持续发展。